AF469521

# RECHERCHES

SUR

L'HISTOIRE, LA NATURE ET L'ORIGINE

DES

# AÉROLITHES;

Par A.-A.-M. BOISSE,

Ancien élève de l'école royale des mines, directeur des mines de Carmaux, membre titulaire de la *Société des Lettres, Sciences et Arts de l'Aveyron*, etc.

RODEZ,

Imprimerie de N. RATERY, imprimeur de la Société, rue Neuve.

—

1850.

# AVANT-PROPOS.

Comme tous les phénomènes dont l'origine se rattache à des causes inconnues, et qui se présentent entourés de circonstances merveilleuses, la chute des aérolithes a toujours frappé l'imagination de l'homme et vivement provoqué sa curiosité. Mais par cela même que ces météores semblent régis par des lois, à la hauteur desquelles il n'a pas encore été donné à l'intelligence humaine de s'élever; par cela même que leur apparition offre quelque chose d'inexplicable et de surnaturel en apparence, le récit de tels événemens, trop souvent exagéré par la superstition (1) ou par l'imagination effrayée des témoins, n'a trouvé longtemps, chez les physiciens, que dédain et incrédulité.

Habituée à voir la nature lui révéler complaisamment le secret de ses mystères les plus cachés, la science avait pu saisir et soumettre à son analyse les corps les plus subtils, les plus insaisissables, aussi bien que ceux dont l'immensité semble défier l'imagination elle-même. Les fluides impondérables, le magnétisme, l'électricité, la chaleur, la lumière, n'avaient pu échapper à ses patientes investigations, et les astres, dans leur mouvement à travers l'immensité de l'espace, obéissaient aux

(1) Les peuples de l'antiquité, croyant que les chutes des aérolithes étaient liées aux événemens contemporains, les considéraient comme une manifestation de la colère céleste, et comme le prélude des plus terribles fléaux.—Cette croyance est loin d'être complètement éteinte, et il n'est pas rare de la voir revivre parmi les populations superstitieuses de nos campagnes.

lois de ses calculs. — Fière de ses admirables conquêtes, pouvait-elle ne pas croire à sa toute-puissance? Pouvait-elle s'avouer impuissante et vaincue, en présence d'un phénomène météorologique aussi simple en apparence que la chute d'une pierre? — Un tel aveu eût trop humilié son orgueil ; aussi l'a-t-on vue longtemps opposer dédaigneusement des dénégations formelles aux récits les plus positifs, les mieux avérés.

Il y a un demi-siècle à peine (en 1790), le procès-verbal de la municipalité de Juliac et Lagrange, constatant la chute d'un grand nombre de pierres dans les rues d'un village, en présence d'une foule de témoins, était traité, par les journaux de l'époque, de conte ridicule, fait pour exciter la *pitié* non seulement des savans, mais de tous les hommes raisonnables ; et quelques années avant (en 1769), l'on avait entendu le premier corps savant d'Europe déclarer, en présence d'un fait non moins authentique, que la chute de pierres venant de l'atmosphère était impossible, et qu'une aérolithe ramassée au moment de sa chute près de Lucé, par des personnes *qui l'avaient suivie des yeux jusqu'au moment où elle atteignit le sol, n'était point tombée du ciel.*

Aujourd'hui, de telles dénégations sont impossibles : les faits sont trop bien établis. Des témoignages nombreux et dignes de foi ont établi, d'une manière trop positive, la réalité de ces chutes de pierres atmosphériques, pour qu'il soit encore possible de douter. Mais si le doute a cessé, notre étonnement et notre admiration ne se réveillent pas moins vifs, toutes les fois que le retour de ce phénomène nous est signalé.

Quoi de plus merveilleux, en effet, que l'apparition soudaine de ces masses minérales, d'un poids souvent énorme, arrivant des régions supérieures de l'atmosphère, et lancées sur la terre par une force dont la direction et l'énergie ne sauraient être expliquées par les seules lois qui régissent le mouvement de la matière sur notre planète! Quoi de plus propre à frapper l'imagination, que ces globes de fer et de feu, traversant l'air avec vitesse ; que ces bruits dont l'étrangeté et la violence échappent à toute comparaison! Ces minéraux, sans analogues dans notre règne minéral ; ces météores, qui nous arrivent entourés des circonstances les plus propres à inspirer l'étonnement et l'effroi, doivent-ils être considérés comme des produits terrestres? comme des corps solides retombant sur la terre après avoir été repoussés de sa surface, et dans le même état où ils se trouvaient avant leur projection, ou comme le résultat de la condensation subite de vapeurs métalliques, tenues préalablement en suspension dans l'air?

Devons-nous, au contraire, rechercher leur point de départ hors des limites de notre atmosphère? Mais alors quel serait ce monde inconnu et inaccessible, dont les échantillons viennent ainsi se présenter d'eux-mêmes à nous, comme pour nous révéler son existence mystérieuse? — Les météorites seraient-ils des produits lancés par les volcans lunaires? — Les fragmens d'un satellite cométaire de notre globe, ou les débris d'une planète brisée par un choc? — Quelle force les arrachant tout-à-coup à leur état d'inertie ou les faisant dévier de la ligne qu'ils avaient suivie jusqu'à ce jour, vient-elle les précipiter sur notre globe? — Quelle force détermine leur explosion dans l'air? — Quelle est la cause de leur incandescence, du bruit étrange qui accompagne leur chute?.....

Telles sont les questions qui se présentent en foule à l'esprit : bien souvent elles ont été posées, bien peu sont résolues. Cependant, provoquée par quelques exemples authentiques, par quelques observations bien faites, l'attention des savans s'est émue à plusieurs reprises.

Vers la fin du siècle dernier surtout, Messieurs Howard, de Bournon, Chladni, Vauquelin, Deluc, Tonnelier, Gilet-de-Laumont, Calmelet, Bigot-de-Morogues, ont porté successivement sur ce sujet les lumières de la discussion, et si leurs savantes études n'ont pu dissiper complètement les ténèbres qui enveloppent l'origine des aérolithes, du moins leurs recherches consciencieuses ont-elles répandu un grand jour sur les faits observés. — L'on ne peut aujourd'hui, sans nier l'évidence, révoquer en doute la chute des pierres atmosphériques.

De nombreuses observations, dont la plupart doivent à l'autorité des savans qui nous les ont transmises, et plus encore peut-être à la concordance frappante des faits recueillis, un caractère d'authenticité irrécusable, nous ont fait connaître la nature de ces corps, et démontré l'identité des circonstances qui accompagnent leur chute, l'analogie de leur composition, la communauté probable de leur origine.

Les effets sont bien connus, bien prouvés. Quant aux causes, le champ est encore libre aux hypothèses. — Ce n'est pas que l'on n'ait déjà proposé bien des systèmes pour expliquer ces causes; mais aucun de ces systèmes, nous devons l'avouer, n'offre à l'esprit une entière satisfaction. — Je n'essaierai pas de les discuter ou même de les indiquer ici; plus tard ils se présenteront de nouveau à notre examen, et il nous sera plus facile peut-être d'apprécier leur valeur, lorsque nous aurons bien étudié les faits qui peuvent servir à les appuyer ou à les combattre.

Dans une question de cette nature, dont la solution dépend de tant d'élémens divers, il importe surtout de bien poser les données du problème. — Une théorie, pour être vraie, doit pouvoir concilier les faits, tous les faits observés; de là la nécessité d'étudier les faits tout d'abord, et c'est par ce motif que j'ai cru devoir, avant d'entrer dans aucune discussion théorique, recueillir et grouper les observations relatives soit à l'histoire physique, soit à l'étude chimique des aérolithes. Ces observations ne sont sans doute pas nouvelles; presque toutes ont été publiées dans des Notices spéciales avec beaucoup plus de détails que je ne saurais en donner ici; mais il est des lois physiques qui ne sauraient ressortir de l'étude d'un ou de plusieurs phénomènes considérés isolément. — Les lois générales, les lois de relation, ne peuvent ressortir que d'une étude d'ensemble, que de la comparaison d'un grand nombre de phénomènes de même nature; et, sous ce rapport, le travail que j'entreprends, malgré l'impossibilité où je me trouve de le rendre aussi complet que je l'aurais désiré, pourra, je l'espère, ne pas être sans quelque utilité.

Ce travail se divisera en trois parties, à savoir :

1° L'exposé des documens et des observations recueillis sur la nature et l'histoire des aérolithes;

2° La recherche des lois physiques et chimiques déduites de la discussion des faits observés;

3° L'examen de quelques hypothèses les plus accréditées sur l'origine des aérolithes.

# RECHERCHES

## SUR L'HISTOIRE, LA NATURE ET L'ORIGINE

## DES AÉROLITHES.

---

# CHAPITRE I^er^.

---

## RECHERCHES HISTORIQUES.

### EXPOSÉ DES FAITS OBSERVÉS (1).

Déjà, vers la fin du dix-huitième siècle, Howard avait publié un catalogue des chutes de pierres météoriques, dont le souvenir nous a été transmis par les historiens. Chladni, qui de son côté avait donné des catalogues partiels, reproduisit, en 1824, le travail de Howard, en y ajoutant quelques faits nouveaux.

Je me suis servi des recherches de ces deux savans, et le tableau qui forme la première partie de ce Mémoire est en quel-

(1) L'uniformité, la monotonie même, inévitable dans l'énumération d'un grand nombre de phénomènes de même nature, m'a engagé à réunir dans un chapitre spécial et entièrement indépendant du reste de mon travail, les documens historiques que j'ai pu réunir sur le sujet que je traite. Ces documens devant servir de base à nos discussions théoriques, dont ils sont en quelque sorte les pièces justificatives, forment, sans contredit, la partie la plus essentielle de ce Mémoire.

Néanmoins, la lecture de cette longue liste n'est point indispensable pour l'intelligence des chapitres suivans, et l'on peut sans inconvénient s'affranchir de cette étude de détails, dont l'ensemble et les *résultats principaux* se trouvent résumés plus loin.

que sorte une reproduction amplifiée du catalogue de Howard, que j'ai cherché à compléter autant qu'il m'a été possible, soit en y ajoutant quelques faits omis par lui, soit en donnant quelques détails plus précis sur les aérolithes les plus remarquables et les mieux observés, soit enfin en y ajoutant l'énumération des chutes qui ont eu lieu depuis la publication de son Mémoire.

Mon but n'étant pas seulement de démontrer, ce que personne ne révoque en doute aujourd'hui, que la chute des aérolithes est un fait positif, je n'ai pas dû me borner à donner, comme les auteurs que j'ai cités, une énumération stérile des chutes observées. — Je voulais que ce catalogue, tout en résumant l'histoire de ces singuliers météores, pût servir à la détermination des lois qui les régissent, et, dans ce but, j'ai dû fournir sur les chutes qui ont été étudiées et décrites avec soin, les renseignemens qui m'ont paru les plus propres à conduire au résultat que je m'étais proposé.

Les faits contenus dans cette première partie de mon travail devant servir de base à nos discussions théoriques, je me suis fait un devoir de désigner les auteurs auxquels le récit de ces faits est emprunté, afin que l'on puisse juger du degré de confiance que mérite chaque citation; et comme d'ailleurs tous les faits signalés dans le catalogue suivant ne reposent pas sur des documens également positifs, également authentiques, j'ai dû établir des divisions, d'après le degré de certitude et de précision des documens historiques sur lesquels mes citations sont basées.

Je distinguerai donc et j'indiquerai successivement :

*Section* I^re^.

Les chutes de pierres qui peuvent être rapportées à une époque certaine :

*Avant l'ère chrétienne* ( *tabl.* **A** ) ;

*Depuis le commencement de l'ère chrétienne* ( *tabl.* **B** ).

*Section* II^e^.

Les pierres que l'histoire nous signale comme étant tombées

du ciel, mais dont la chute ne peut être rapportée à une époque certaine :

*Chute d'aérolithes dont la date peut être déterminée approximativement* ( *tabl.* **C** ) ;

*Chutes dont la date est tout à fait indéterminée* ( *tabl.* **D** ).

*Section* III^e^.

Les pierres dont la chute n'est pas mentionnée dans l'histoire, mais que leur ressemblance avec les aérolithes font considérer comme étant tombées de l'atmosphère :

*Fers météoriques* ( *tableau* **E** ).

Ce premier chapitre se composera donc de cinq tableaux ou catalogues distincts, dans lesquels j'adopterai l'ordre chronologique pour toutes les chutes dont la date nous est connue.

J'ajouterai, pour ne rien omettre de ce qui peut intéresser l'histoire des aérolithes, mais seulement sous forme d'appendice, à cause du peu d'authenticité de la plupart des faits qui s'y trouvent consignés, un sixième catalogue, relatif aux chutes de matières météoriques, pulvérulentes, visqueuses ou gélatineuses, et aux pluies ou neiges colorées.

## Catalogue chronologique des chutes de pierre dont il est fait mention dans l'histoire.

---

### *Section* I^re^. — *Chutes de pierres dont la date est connue.*

---

(Tableau A.)

### ARÉOLITHES ANTÉRIEURES A L'ÈRE CHRÉTIENNE.

Avant J.-C.

1478. La pierre de tonnerre, en Crète, mentionnée par Malchus, et regardée probablement comme le symbole de Cybèle. (*Chronique de Paros*, 1, 18, 19.)

1451. Pluie soudaine de pierres, qui détruisit les ennemis de Josué, à Beth-Horon. *Josué*, chap. x, ii.

1200. Pierre conservée à Orchomenos. *Pausanias*.

1168. Masse de fer tombée sur le mont Ida, en Crète. (*Chronique de Paros*, 1, 22.)

705 ou 704. — Le Ancyle, ou bouclier sacré, qui tomba sous le règne de Numa. (*Plutarque, in Numa.*)

654. Chute de pierres sur le mont Alba. (*Howard, Tilloch,s, Magazine*).

644. Cinq pierres tombèrent en Chine, dans la contrée de Song. (*De Guignes*, Voyage à Pékin, t. 1).

467. Chute d'une pierre en Thrace. (*Pline*).

466. Très grande pierre trouvée à Ægos-Potamos, et qu'Anaxagore supposait venir du soleil; elle était aussi large qu'un chariot et d'une couleur brûlée. (*Pline*, liv. II, chap. 58).

465. Pierre tombée près de Thèbes. (*Pindare*, Scholiastes).

461. Une pierre tomba dans la Marche d'Ancône. (*Valerius Maximus*, liv. VII, chap. 28).

343. Pluie de pierres, près de Rome. (*Jul.*, *obsequens*).

211. En Chine, pierres accompagnées d'une étoile tombante. (De Guignes, *Voyage à Pékin*, t. 1).

205 ou 206. — Chute de pierres enflammées. (*Fabius Maximus*, chapitre II).

192. Chute de pierres en Chine. (De Guignes, *Voyage à Pékin*, t. 1).

176. Une pierre tomba dans le lac de Mars. (*Pline*, liv. XLI, p. 9).

89. Deux grandes pierres tombèrent à Young, en Chine; le bruit fut entendu à quarante lieues. (De Guignes, *Voyage à Pékin*, t. 1.) Le ciel était serein.

56 ou 52. — Chute de fer spongieux en Lucanie. (Pline, *Histoire naturelle*, II, p. 56).

46. Des pierres tombent à Acilla. (*César*).

38. Six pierres tombent à Léang, en Chine. (De Guignes, *Voyage à Pékin*, t. 1).

29. Quatre pierres tombent à Pô et deux dans le territoire de Tsching-ting-Fou, en Chine. (*Idem*).

22. Huit pierres en Chine. (*Idem*).

19. Trois id. id. (*Idem*).

15. Pluies de pierres en Chine. (*Idem*).

12. Une pierre tomba à Ton-Kouan. (*Idem* ).
9. Chute de deux pierres en Chine. (*Idem*).
6. Chute de seize pierres à Ning-Tsheon. (*Idem*).
6. Chute de deux pierres à Yon. (*Idem*).

( TABLEAU B ).

## CHUTES D'AÉROLITHES OBSERVÉES DEPUIS LE COMMENCEMENT DE L'ÈRE CHRÉTIENNE.

Après J.-C.

2. Chute de pierres en Chine. ( Abel Rémusat, *Journal de physique,* mai 1819).
106. Chute de pierres en Chine. (*Idem*).
154. Idem. (*Idem*).
310. Idem. (*Idem*).
333. Idem. (*Idem*).
452. Trois grandes pierres tombèrent en Thrace. ( Ammian, Marcellin, *Chroniques*, p. 29 ).
570. Plusieurs pierres aux environs de Bender, en Arabie. ( *Alkoran* VI, p. 16, et CV, p. 3 et 4 ).
616. Pierres tombées en Chine. ( Abel Rémusat, *Journal de physique*, mai 1819 ).
648. Chute d'une masse de fer à Constantinople. ( Howard, *Philosophicat transaction*).
823. Chute de pierres en Saxe. (*Idem*).
839. Idem. dans le Japon. (Abel Rémusat).
852. Une pierre tomba dans le Tabaristan. (De Sacy).
856. En décembre, cinq pierres tombèrent en Egypte. ( De Sacy et Quatremère).
885. Pierres dans le Japon. (Abel Rémusat).
897. Une pierre tomba à Ahmedabad. (*Chronique Syrienne*).
921. De grandes pierres tombèrent à Narni. ( *Chronique manuscrite du moine* Benedictus de St-Andréa, *qui se trouve dans la bibliothèque du prince Chigi, à Rome.*)
951. Une pierre tomba près d'Augsbourg. (Stadius).
998. Chute de deux grandes pierres, l'une à Magdebourg et l'autre sur les bords de l'Elbe. (Spangenberg, *Chronique saxonne*). — L'on a trouvé, en 1831, près de

Magdebourg, à quatre pieds au-dessous du sol, une masse de fer météorique du poids de cent trente-sept livres. M. Stromeyer, qui en a fait l'analyse, y a trouvé du fer, du nikel, du molybdène, du cuivre, du cobalt, du manganèse, de l'arsenic, du soufre, du carbonne de phosphore et du silicium. Il est probable que cette masse ferrugineuse, qui présentait tous les caractères des aérolithes ductiles, n'était autre que l'une des deux pierres tombées en 998.

1009. Chute d'une masse de fer à Djordjan. (Avicenne).

1021. Du 24 juillet au 24 août, plusieurs pierres tombèrent en Afrique. (De Sacy).

1057. Une pierre en Corée. (Abel Rémusat).

1071. Boules de terre tombées dans l'Irak. (Quatremère).

1112. Chute de pierre ou de fer près d'Alquilée. (Valvasor).

1136. Une pierre, de la grosseur d'une tête humaine, tomba à Oldisleben, en Thur nge. (Spang nberg, *Chronique Saxonne*).

1164. Une masse de fer tomba en Misnie, pendant les fêtes de la Pentecôte. (Georg. Fabricius, *Rerum Misnicarum*, lib. I, p. 32).

1198. Chute d'une pierre aux environs de Paris. (Howard, *Tilloch,s Magazine*, t. 13).

1249. 26 juillet, plusieurs pierres tombèrent à Gueldimbourg, Ballenstadt et Blankenbourg. (Spangenberg, *Chronique Saxonne*).

1280. Chute d'une pierre à Alexandrie, en Egypte. (De Sacy).

1300 ou environ. De grandes pierres tombèrent en Aragon. (D'après une *Chronique manuscrite*, conservée dans le Musée national de Pest, en Hongrie).

1304. 1er octobre, Chute de plusieurs pierres à Friedberg, près la Saale. (Spangenberg, *Chronique Saxonne*).

1305. Chute de pierres brûlantes dans le pays des Vandales. (Howard, *Tilloch,s Magazine*, t. 13).

1328. 9 janvier. Chute d'une pierre à Mortahiah et Dakhaliah. (Quatremère).

1368. Masse de fer tombée dans le duché d'Oldembourg. (Siebrand, Nayer).

1379. 29 mai. Plusieurs pierres tombèrent à Minden, dans le Hanovre. (Lebercius).

1421. Une pierre dans l'île de Java. (Sir Thomas Stamford Raffles).

1438. Pluie de pierres spongieuses à Aoc, près de Burgos, en Espagne. (Proust).

1438. Pierre tombée près de Lucerne. (Cysat).

1440. Chute d'une masse de fer dans le Piémont. (Mercati et Scaliger).

1474. Deux grandes pierres près Viterbo. (*Bibliotheca Italiana*, tom. XIX, p. 461).

1491. 22 mars. Chute d'une pierre auprès de Crème. (Simoneta.)

1492. 7 novembre. Une pierre triangulaire, du poids de deux cent soixante livres, présentant des traces évidentes de l'action du feu, tomba à Ensishein, dans la haute Alsace. Cette aérolithe, après avoir été conservée longtemps dans l'église du lieu, a été transportée plus tard dans la bibliothèque de Colmar. (Sébastien Brand et Wolf). — Elle appartient à l'espèce granulaire.

1496. 28 janvier. Chute de trois pierres entre Céséna et Bertonori. (Marc.-Ant. Jabellicus).

1510. Près de douze cents pierres, dont l'une pesait cent-vingt livres et quelques autres soixante, tombèrent aux environs de Crème, au bord de la rivière d'Adda, en Italie. Ces pierres, très dures, d'une couleur ferrugineuse, répandaient une odeur de soufre. (Cardanus et Bodini).

1511. 4 septembre. Il tomba à Crème plusieurs pierres, dont l'une pesait onze livres et d'autres huit livres. (Giovani del Prato).

1516. Deux pierres en Chine. (Abel Rémusat).

1520. Mai. Chute d'une pierre dans l'Aragon. (Diégo de Jayas).

1528. De grandes pierres à Augsbourg. (Dresseri, *Chronique Saxonne*).

1540. 28 avril. Chute d'une pierre dans le Limousin. (Bonaventure de St-Amable).

1540 à 1550. Chute d'une masse de fer dans la forêt de Naunholf, entre Leipsik et Grimme. (*Chronique des mines de Misnie*, p. 139).

1548. 6 novembre. Une masse pierreuse, noirâtre, tomba à Mansfeld, en Thuringue. (Spangenberg, *Chronique saxonne*).

1552. 19 mai. Une pluie de pierres causa de grands dégats aux environs d e Schlensingen, en Thuringue. (Span genberg, *Chronique saxonne*).

1559. Il tomba à Miscoz, en Transylvanie, pendant un orage épouvantable, cinq pierres, grosses comme la tête d'un homme, très lourdes, d'une couleur de rouille et sentant fortement le soufre; quatre de ces pierres furent déposées au cabinet de Vienne. (*Jsthnanfii historia*, lib. xx, p. 364).

1561. Pierre tombée à Séplitz. (Boëce de Boet).

1561. 17 mai. A Eilenberg, chute d'une pierre à laquelle on donna le nom de *Ars Julia.* (Gesner et de Boot).

1564. 3 mars. Pluie de pierres, dans l'île de Fünie, en Danemark. (Thomas Bartholin, p. 337).

1564. Chute de pierres entre Malines et Bruxelles. (Gilbert).

1580. 27 mai. Chute de pierres près Gœthingue. (Banga).

1581. 26 juillet. Entre une et deux heures après-midi, par un temps très serein, une pierre, pesant trente-neuf livres, tomba en Thuringue. La chute fut annoncée par une forte détonnation; elle s'enfonça à deux ou trois pieds dans la terre; sa chaleur était telle que l'on ne pouvait la toucher. (V. Joh. Binhoras, *Thüringisches Chronik*, p. 193).

1583. 9 janvier. Chute de pierres à Castrovillari. (Mercati).

1583. Dans les ides de janvier. Une pierre, du poids de trente livres, semblable à du fer, tomba à Rose, en Livadie. (Howard, *Tilloch,s Magazine*, t. 13).

1583. 2 mars. Il tomba une pierre en Piémont. (*Idem*).

1585. Pierre tombée en Italie. (Imperati).

1591. 19 juin. Plusieurs grosses pierres tombèrent à Kunersdorf. (Angelus, *Annal. Marchiæ*).

1596. 1er mars. Chute de pierres à Crévalcore. (Micarelli,

1603. Une pierre, contenant des veines métalliques, tomba à Valence, en Espagne. (Cœsius, et les Jésuites de Coïmbre).

1618. Août. Une grande chute de pierres eut lieu en Styrie. (Stannes).

1618. Chute d'une masse métallique en Bohême. (Krouland).

1621. 17 avril. Une masse de fer tomba à une distance d'environ 100 milles au sud-est de Lahore. (Jean Guirs, *Mémoires*).

1622. 10 janvier. Une pierre tomba dans le Devonshire. (Howard, *Tilloch,s Magazine*).

1628. 9 avril. Plusieurs pierres, dont l'une pesait vingt-quatre livres, tombèrent près de Hatford, dans le Berkshire. (*Idem*).

1634. 27 octobre. Chute de pierres dans le Charolais. (Morinas).

1635. 21 juin. Une grande pierre tomba à Yago, en Italie (Francesco Carti).

1635. 7 juillet. Une pierre, pesant environ 11 onces, tomba à Calcée (*Villisnierii Opere* VI, 64).

1636. 6 mars, à six heures et demie du matin, par un temps très serein, une grosse pierre tomba du ciel avec grand bruit, entre Lagan et le village de Dubrow, en Silésie. (V. Lucas, *Ichlensisches Chronik*, p. 2228).

1637. 29 novembre. Howard rapporte à cette époque la chute d'une pierre sur le mont Vaisien, entre Guillaume et Perne, en Provence. Son poids était de cinquante-quatre livres; sa forme et sa grosseur celles d'une tête humaine, sa pesanteur spécifique 3, 50.

1642. 4 août. Une pierre, pesant quatre livres, tomba dans Woodbrige et Aldborough, dans le comté de Suffolk. (Howard, *Philosophicat transaction*).

1643 ou 1644. Pluie de pierres dans la mer. (*Idem*).

1647. 18 fév. Chute d'une pierre près de Zwickan. (Schmid).

1647. Août. Plusieurs pierres tombèrent dans le baillage de Stolzenau, en Westphalie. (*Gilbert,s Annal* XXIX, p. 2).

1647 à 1654. Une masse solide tomba dans la mer. (Wilman).

1650. 6 août. Chute d'une pierre à Dordrecht. (Senguesd, *Exercices physiques*, p. 188).

1652. Une pierre, du poids d'environ cinq livres, tomba dans le Mogol, près d'un village du Purgunnale de Jalindher. La chute de ce météore, sur lequel Ichangire, empereur du Mogol, a donné dans ses Mémoires de nombreux détails, fut annoncée par un bruit effrayant. Il tomba sous la forme d'un globe de feu, et quand on le recueillit il répandait encore beaucoup de chaleur. Ichangire fit faire avec le fer de ce météore un couteau, un poignard et deux sabres. (*Mémoires de Ichangire*, traduits par William Kirk. Patrik).

1654. 30 mars. Pluie de pierres dans l'île de Fünie, en Danemark. (*Bartholinus*).

1654. Une grosse pierre tomba à Varsovie. (Petrus Borellus).

1667. Des pierres tombèrent à Schiras, en Perse. (Gasophy Lacium, *Linguæ Persarum*). — La relation de ce fait est accompagnée de circonstances peu vraisemblables : Chladni le regarde comme fabuleux.

1668. 19 ou 21 juin. Deux pierres, l'une de trois cents livres et l'autre de deux cents, tombèrent auprès de Vérone. (*Valisnierii Opere* II, p. 64, 66).

1671. 27 février. Pluie de pierres en Souabe. (*Gibert,s Annal*, t. XLIII).

1673. Une grande pierre tomba dans les champs près Diusling. (*Memorie dellu societa Columbaria Fiorentia.* 1747).

1674. 6 octobre. Chute de deux grandes pierres dans le canton de Glaris, en Suisse. (Schenchzer).

1675. Chute d'une pierre dans un bâteau pêcheur, à une demilieue de Copinshaw, île des Orcades. (*Wallace,s account of Orkney*).

1677. 28 mai. Plusieurs pierres qui, d'après Baldinus qui les a analysées, contenaient du cuivre, tombèrent près d'Ermendorf, en Saxe. (Miscellan, *Naturæ curios.* Baldinus, 1697).

1680. 18 mai. Chute de pierres à Londres. (King).

1683. 12 janvier. Une masse de pierre ou de fer tomba près de Castrovillari, en Calabre. (Mercati, *Metallotheca Vaticana*, c. XIX, p. 248).

1683. 3 mars. Chute d'une pierre en Piémont. (*Idem*).

1697. 13 janvier. Chute de plusieurs pierres à Pantolina, près de Sienne. (Soldani, d'après Gabrielli).

1698. 16 mars ou 19 mai. Uue pierre noire tomba avec grand bruit près du village de Waltring, canton de Berne. Cette masse fut déposée à la bibliothèque de la ville avec un récit de l'événement. (Schenehzer).

1706. 7 juin. Une pierre, du poids de soixante-douze livres, tomba à Larissa, en Macédoine; elle ressemblait à une masse de fer scoriforme, et exhalait une odeur sulfureuse. (Pant Lucas, *Voyages*, t. I).

1715. 11 avril. Des pierres non loin de Stargard, en Poméranie. (*Gilbert,s Annal*, t. LXXI, p. 215).

1722. 5 juin. Chute de pierres auprès de Schefflas, dans le Treiseigen. (Meichelbeck).

1723. 22 juin. Vers deux heures de l'après-midi, le temps étant serein, on vit tomber avec grand bruit des pierres de différentes grandeurs. La chute eut lieu aux environs de Plescowitz, en Bohême. Trente-trois de ces pierres furent recueillies; elles étaient noires à l'extérieur, ressemblaient dans leur cassure à un minérai métallique, et exhalaient une forte odeur de soufre. (Ross, *Collection de Breslaw*, t. XXXI, p. 44).

1727. 22 juillet. Chute de pierres à Lilaschidt, en Bohême. (Stepling).

1731. Chute d'une masse métallique à Lessey. (Dom Halley).

1738. 18 août. Pluie de pierres aux environs de Carpentras. (Castillon).

1740. 25 octobre. Plusieurs pierres tombèrent à Rasgrad. (*Girbert,s Annal*, t. I).

1741 ou 42. — En hiver, une grosse pierre tomba dans le Groënland. (Egede).

1750. 1er octobre. Une grande pierre tomba à Niort, près Coutances. (Lalande, *Journal de physique*).

1751. 26 mai. Deux masses de fer météorique, pesant l'une soixante-onze livres et l'autre seize, tombèrent près de Hraschina, comitat d'Agram, dans la Haute-Esclavonie. Un acte, rédigé par le consistoire épiscopal d'Agram, d'après la déposition juridique de sept témoins, constate les faits suivans, que je crois devoir reproduire à cause de leur authenticité irrécusable :

« Le 26 mai, à six heures du soir, on aperçut dans le ciel un globe de feu, près de Hraschina. Ce globe se divisa en deux fragmens qui tombèrent avec un bruit épouvantable et avec une force telle, que l'ébranlement fut pareil à celui d'un tremblement de terre. Ces deux fragmens furent trouvés à une distance de deux cents pas l'un de l'autre. Ils produisirent, en tombant, de larges crevasses dans le sol, et le plus gros, qui pesait soixante-onze livres, s'enfonça à une profondeur de six mètres. Ces deux masses, entièrement semblables, étaient presque uniquement composées de fer ductile, dans lequel Klaproth a trouvé du nikel. La plus grande est déposée au cabinet impérial de Vienne, où on la conserva avec le procès-verbal dressé par le consistoire épiscopal. » ( Stütz, *Journal de Bergbankunde*, t. 1 ).

1751. Le *Mercure* de janvier 1751 parle d'une pierre tombée en Allemagne, près de Constance.

1753. Janvier. Chute d'une pierre, près d'Eichstard, en Allemagne. Cette aérolithe, qui appartenait à l'espèce granulaire, avait six pouces de diamètre ; elle était entièrement recouverte d'une croûte noire ferrugineuse de près de deux lignes d'épaisseur. Elle tomba en hiver, pendant que la terre était couverte de neige, à la suite d'une violente explosion. Un ouvrier briquetier, qui la vit tomber, accourut pour la retirer de la neige ; mais la chaleur l'obligea d'attendre qu'elle fût refroidie. ( Chladni, *Mémoire sur l'origine des masses de fer natif*).

1753. 3 juillet. Quatre pierres, dont l'une pesait treize livres, tombèrent près de Thabor, cercle de Bechin, en Bohême. Plusieurs fragmens d'une matière minérale, attirable à l'aimant, recouverts d'une écorce noire, semblable à une scorie, pesant depuis une jusqu'à vingt livres, ont été trouvés à Plœnn, près de Thabor. Ces fragmens proviennent probablement de la chute de pierres du 3 juillet 1753. (V. de Born, *Index fossilium*, t. I, p. 125).

1753. Septembre. Deux pierres, l'une de vingt livres et l'autre de onze, tombèrent près des villages de Liponas et de Pin, en Bresse. (Lalande, *Journal de physique*, t. LV, p. 451).

1755. Juillet. Une pierre, pesant environ sept livres et demie, tomba à Terra-Nova, en Calabre. (Howard, *Tilloch's Magazine*).

1761. Dans la nuit du 11 au 12 octobre, une maison de Chamblans, en Bourgogne, fut incendiée par la chute d'un météore. (*Mémoires de l'Académie de Dijon*, t. I).

1766. Juillet. Chute d'une pierre à Alboreto, près de Modène. (Vassali, *Lettere Fisico-Meteorologiche*).

1766 15 août. Une pierre tomba près de Novellaro. (Troiti. — Peut-être une pierre fendue par la foudre. — Chladni).

1768. 13 septembre. Une pierre, pesant sept livres et demie, tomba près de Lucé, dans le Maine. D'après Chladni, deux fragmens du même météorite seraient tombés l'un près d'Aire, en Artois, et l'autre dans le Cotentin. (Chadni, *Mémoire sur l'origine du fer natif*).

1768. 20 novembre. Chute d'une pierre pesant trente-huit livres, à Maurkircher, en Bavière. Cette aérolithe fut déposée au cabinet de l'Académie de Munich. L'analyse faite par Maxim. Imof, se trouve dans le Magasin de Voigt et dans les Annales de Gilbert. (Chaldni, *Idem*).

1773. 17 novembre. Une pierre, du poids de neuf livres une once, tomba à Iéna, dans l'Aragon. (Proust).

1775. 19 septembre. Chute de pierres dans la principauté de Cobourg, près de Rodach. Une de ces pierres se trouve dans le cabinet d'histoire naturelle de Cobourg. (*Gilbert, s Annal*, XXIII, p. 1).

1775 ou 76. — Pierres à Obrutezza, en Volhynie. (*Gilbert, s Annal*, t. XXXI).

1776 ou 77. En janvier ou février, grande chute de pierres près de Fabbriano, dans le territoire de Santanatoglia, ancien duché de Camérino. (Soldani et Amoretti).

1779. Deux pierres, chacune du poids environ de trois onces et demie, tombèrent à Petiswode, en Irlande. (Binbleg).

1780. Environ. Des masses de fer, dans le territoire de Kinsdale, entre West-River Mountain et Connecticut. — (*Quaterly review*, *n*° 59; *avril* 1824.)

1780. 1er avril. Plusieurs pierres tombèrent près de Bregton, en Angleterre. (*Evening-Post*).

1782. Chute d'une pierre auprès de Turin. (Tata et Amoretti).

1785. 19 février. Pluie de pierres dans la principauté d'Eichstaedt. (Baron de Moll).

1787. 1er octobre. Chute de pierres dans la province de Charkow, en Russie. (*Gilbert,s Annal*, t. XXXI).

1787. 24 août. Une pierre, d'environ quinze pouces de diamètre, conservée dans le Musée de Bordeaux, tomba à Barbotan, près de Roquefort, dans les Landes. Voici comment Lomet, qui se trouvait alors à Agen, raconte le phénomène :

« C'était un globe de feu très éclatant, d'une lu-
» mière aussi pure que celle du soleil, de la gros-
» seur d'un aérostat ordinaire, qui dura assez long-
» temps pour jeter l'effroi parmi les habitans du pays,
» décrépita et disparut. »

Cette pierre écrasa, en tombant, une chaumière, et s'enfonça ensuite de cinq pieds dans le sol, après avoir tué le métayer et quelques bestiaux. Il paraît que cette pierre fut accompagnée de plusieurs autres plus petites, que l'on recueillit quelques jours après dans les environs. L'aérolithe de Barbotan appartient à l'espèce granulaire, et elle en offre tous les caractères bien connus. Vauquelin, qui l'a analysée, a fait connaître sa composition dans un Mémoire lu à l'Institut en 1802. (Vauquelin. — De Bournon. — Chladni).

1790. 24 juillet. Grande chute de pierres sur le territoire de Lagrange, Julliac et Créon, en Armagnac. Cette chute fut accompagnée d'un globe lumineux, visible dans tout le midi de la France. Le Journal d'Histoire naturelle de Bertholon donna, dans le temps, une relation fort exacte du phénomène. Les aérolithes de Julliac sont de même nature que celles de Barbotan; elles ont été aussi analysées par Vauquelin.

1791. 17 mai. Chute de pierre à Castel-Beardenga, en Toscane. (Soldani).

1791. 20 octobre. A Menabilly, en Cornwallis, Canada. — (King).

1794. 16 juin. Une douzaine de pierres, dont l'une pesait plus de sept livres, tombèrent à Sienne pendant un orage. Une de ces pierres, décrite minéralogiquement par M. de Bournon, a été analysée par Howard et Klaproth. Elle appartenait à l'espèce granulaire, sa pesanteur spécifique était 3,418.

1795. 13 avril. Pluie de pierres à Ceylan. (Beck).

1795. 13 décembre. Vers trois heures après-midi, par un temps un peu disposé à l'orage, une pierre du poids de cinquante-six livres, tomba près de Wold-Cottage, dans le Yorkshire. Elle pénétra un pied de terre végétale et six pouces d'une roche calcaire dure. Au moment de la chute de l'aréolithe, on entendit un grand nombre d'explosions, semblables à de forts coups de pistolet. Quand on la retira de la terre, elle était chaude et répandait une forte odeur de soufre. Elle est granulaire et présente les mêmes caractères que les aérolithes de Barbotan, de Julliac, de Sienne, de Bohême. Howard, qui l'a analysée, y a trouvé de la silice, de la magnésie, du fer et du nikel. (De Bournon et Howard, *Mémoire présenté à la Société royale de Londres*).

1796. 14 janvier. Chute de pierres près de Belasa Ferkwa, en Russie. (Gilbert, s *Annal*, t. XXXV).

1796: 19 février. Une pierre de dix livres tomba dans le Portugal. (Sontey, s, *Letter from spain*).

1798. Chute d'une pierre à Bialoczerkew (Chladni).

1798. 12 mars. Une pierre, du poids de vingt-deux livres, tomba, vers les six heures du soir, près du village de Salles, dans le voisinage de Villefranche (Rhône). Un fragment de cette pierre fut déposé dans le cabinet d'histoire naturelle de M. Greville, à Londres. (Tonnelier, *Journal des Mines*, 1802, p. 449).

1798. 19 décembre. Chute de pierres aux environs de Bénarès, au Bengale. Une lettre, adressée par John William au président de la Société royale de Londres, contient les détails suivans sur cette aérolithe :

« Le 19 décembre, sur les huit heures du soir,
» les habitans de Bénarès et des lieux circonvoisins,
» apèrçurent dans le ciel un météore d'une clarté
» éblouissante, sous la forme d'une grosse boule de
» feu; il fut accompagné d'un grand bruit, sembla-
» ble à celui du tonnerre. Quantité de pierres tom-
» bèrent à terre, près du village de Krakut, au
» nord de la rivière de Goomty, à environ quatorze
» milles de la ville de Bénarès. Dans le voisinage
» de Juanpoor, à douze milles environ du lieu où ces
» pierres tombèrent, le phénomène a été vu très
» distinctement par beaucoup de témoins. Tous s'ac-
» cordent à dire qu'il s'est montré sous la forme
» d'une grosse boule de feu ; qu'il a été accompagné
» d'un bruit fort et sourd, assez semblable à celui
» d'un feu de file ou décharge de mousquetterie par
» pelotons. »

Ces pierres étaient nombreuses ; plusieurs avaient de trois à quatre pouces de diamètre, et pesaient jusqu'à trois livres. L'une d'elles, après avoir traversé le toit d'une guérite, pénétra de quelques pouces dans le sol, où elle fut recueillie par la sentinelle qui, heureusement, ne fut pas atteinte. Toutes étaient semblables : noires et lisses à l'extérieur ; grises et grenues à l'intérieur. Elles offrent une analogie des plus frappantes avec les aérolithes de Yorkshire, de Sienne, de Julliac, etc. ; d'après l'analyse faite par Howard, elles contiennent de la silice, de la magnésie, du soufre, du fer et du nikel. Cette chute de pierres eut lieu par un temps très serein. (Howard et de Bournon, ***Mémoires de la Société royale de Londres***, février 1802).

1799. 5 avril. Des pierres tombèrent à Batanrouge, sur le Mississipi. (Belfast, ***Chronicle of the War***).

1801. Chute de pierres dans l'île des Tonneliers. (Bory de St-Vincent).

1802. Septembre. Chute de pierres en Ecosse. ( Montly, ***Magazine***, octobre 1802).

1803. 26 avril. Grande pluie de pierres, aux environs de Laigle, département de l'Orne. M. Biot, envoyé par le gouvernement pour constater la réalité du phénomène, reconnut en effet, tant d'après les nombreux témoignages qu'il recueillit, que d'après les circonstances physiques et les traces encore sensibles qu'il put observer, qu'une épouvantable pluie de pierres avait eu lieu à l'époque fixée ; que ***deux mille pierres*** au moins, dont le poids variait depuis deux gros jusqu'à dix-sept livres, étaient tombées sur un espace de deux lieues et demi de long et d'environ un de large ; que cette pluie suivit l'explosion d'un globe enflammé qui avait éclaté dans l'atmosphère; enfin, que la direction de ce météore paraissait être du sud 22° est au nord 22° ouest, c'est-à-dire la direction même du méridien magnétique. Les pierres de Laigle, toutes semblables entre elles, appartiennent à la variété granulaire. Elles ont été analysées par Fourcroy et Vauquelin, qui y ont trouvé de la silice, du fer, du nikel, de la magnésie, de la chaux et du soufre.

1803. 4 juillet. A East-Norton. (***Philos. Magaz. et Bibl. Britann.***).

1803. 5 ou 8 octobre. Chute de pierres près d'Avignon. (***Bibl. Britann.***)

1803. 13 décembre. Une pierre pesant trois livres un quart, tomba près d'Eggenfelde, en Bavière. (Gilbert,s *Annal*).

1804. 5 avril. Une pierre tomba à Porsil, près Glascow, en Ecosse. (Gilbert,s *Annal*, XXIV, 369).

1804 à 1807. Chute d'une pierre à Dordrecht. (Van-Beck).

1805. 25 mars. Une pierre tomba près de Doronisk, dans le gouvernement d'Irkutsk, en Sibérie. (Gilbert,s *Annal*, t. XXIX et XXXI. — Variété granulaire).

1805. Juin. Plusieurs pierres, couvertes d'une couche noirâtre, tombèrent à Constantinople. (Howard, *Tilloch, s Magazine*).

1806. 15 mars. Deux pierres tombèrent à Valence et à Alais, département du Gard ; ces aérolithes avaient cela de remarquable, qu'elles contenaient du carbone. Elles ressemblaient tellement à du charbon impur, que les personnes qui ramassèrent le météorite d'Alais essayèrent d'en brûler. M. Thénard, qui l'a analysée, y a trouvé le charbon associé à tous les autres élémens qui entrent dans la composition de ces pierres atmosphériques. — M. Berzélius, qui l'a analysée aussi, a trouvé qu'elle contenait de la silice, de la magnésie, de la chaux, du protoxide de fer, du chrômure de fer, de l'oxide de nikel, du protoxide de manganèse, de l'alumine, de l'oxide d'étain, du charbon, de l'eau et de l'acide carbonique. — Cette pierre diffère tellement par son aspect et aussi par sa composition, de toutes les autres pierres météoriques connues, que M. Brard a cru devoir en faire une espèce distincte, à laquelle il a donné le nom de *Météorite charbonneux*.

1806. 17 mai. Une pierre, pesant deux livres et demi, tomba près de Basintoke, dans le Hampshire. (Monthly, *Magazine*).

1807. 13 mars. Une pierre du poids de cent soixante livres, tomba à Fimochin, province de Smolensk, en Russie. Elle appartenait à l'espèce granulaire. Klaproth, qui l'a analysée, a fait connaître sa composition dans le *Journal des Mines*, t. XXIV, p. 72.

1807. 14 décembre. Une grande pluie de pierres eut lieu à Weston, dans le Connecticut; on en trouva de vingt, vingt-cinq et trente-cinq livres. Elles étaient granulaires et fort riches en fer. (MM. Silliman et Kingsten ont inséré dans le journal médical *Repository*, an 1807, p. 202, un Mémoire dans lequel on trouve sur cet évènement une foule de détails intéressans). Vers les six heures et demie du matin, par un temps un peu brumeux, l'on aperçut un globe de feu d'un diamètre à peu près égal à 1/2 ou 1/3 de celui de la lune; ce globe s'avançait du Nord un peu Est au Sud un peu Ouest. Il répandait une lumière resplendissante accompagnée d'une vive scintillation, semblable à celle d'un tison enflammé exposé à l'action du vent. Une traînée conique de lumière, pâle et ondoyante, suivait le météore, qui fut visible pendant environ trente secondes. Quelques instants après, l'on entendit trois fortes détonnations, suivies d'un bruit sourd, comparable à celui d'un boulet de canon qui roulerait sur un plancher. Ce bruit dura à peu près demi-minute. Il parut s'éloigner et s'éteindre, en suivant la même direction que le météore. Plusieurs personnes crurent remarquer trois explosions distinctes, à la suite de chacune desquelles eut lieu une chute de pierres. Celles-ci se répandirent sur une longueur de neuf à dix milles, dans la direction que suivit l'aérolithe. Les premières tombèrent au Nord, les dernières au Sud. Celle qui tomba près de la maison de M. Seeley, dans le point le plus méridional, pesait environ deux cents livres, mais elle fut brisée en mille éclats par suite de la chute, qui eut lieu sur un rocher de schiste micacé. Toutes les pierres de Weston sont semblables, et présentent les caractères des météorites granulaires.

1808. 19 avril. Chute de pierres à Borgosan-Domino, près de Pieve-di-Cassignano. (Guidotti et Spangoni).

1808. 22 mai. Plusieurs pierres, pesant quatre à cinq livres, tombèrent près de Stannern, en Moravie. (*Bibliothèque*

*Britannique*). Ces pierres ressemblent beaucoup à celles de Juvénas, mais ne contiennent pas les paillettes jaunes que l'on trouve dans celles-ci. Laugier y a trouvé du nikel ; mais il résulte des expériences de Chladni que ce métal n'existe pas dans les pyrites.

1808. 3 septembre. Chute de pierres à Lissa, en Bohême. (De Schreibers).

1809. 17 juin. Une pierre, du poids de six onces, tomba à bord d'un vaisseau américain, par 30° 58, de latitude Nord, et 70° 25, de longitude. (*Bibliothèque Britannique*).

1810. 30 janvier. Plusieurs pierres, dont quelques-unes pesaient deux livres, tombèrent dans le comté de Carlswel, Amérique du Nord. (*Philosophical Magazine*).

1810. En juillet. Une grande pierre à Shabad, dans l'Inde ; le météore a causé de grands dégats. (*Phil. Mag.*, t. XXXVII).

1810. 10 août. Une pierre, pesant sept livres un quart, tomba dans le comté de Tipperari, en Irlande. (*Phil. Mag.*, vol. XXXVIII).

1810. 23 novembre. Pluie de pierres à Mortelle, Villeray et Moulin-Brûle, dans le département du Loiret. L'une d'elles pesait quarante livres et d'autres vingt livres. (Howard, *Tilloch,s Magazine*).

1811. 12 ou 13 mars. Chute d'une pierre pesant quinze livres, dans le village de Konglinshouwsh, près de Romea, en Russie. (*Bruce,s*, *American journal*, N° 3).

1811. Chute de pierres près de Pultawa. (*Gaz. de France*).

1811. 8 juillet. Plusieurs pierres, dont l'une pesait trois onces trois quarts, tombèrent près de Balanguillas, en Espagne. (*Biblioth. Britann.*, t. XLVIII, p. 162).

1812. 10 avril. Pluie de pierres aux environs de Grenade, dans les communes de Burgave, de Camville et de Verdun. La chute eut lieu vers les huit heures du soir; le temps était froid et le ciel presque entièrement couvert. Une vive lueur, qui dura environ deux minutes, fut aperçue à plusieurs lieues dans les environs et jusqu'à Toulouse. A peine cette lueur eut-elle disparu, que l'on entendit dans l'air trois fortes détonnations, se succédant presque sans intervalle. Ces détonnations, comparables à celles d'un canon du plus gros calibre, furent entendues à vingt lieues de distance; elles furent suivies d'un long roulement auquel succéda enfin un sifflement très fort, terminé par un choc violent, à peu près comme lorsque de la grosse mitraille, lancée par un canon, traverse l'air et frappe contre terre. Neuf ou dix aérolithes, dont une seule pesait deux livres et les autres de trois à huit onces, furent recueillies; mais l'on estime qu'il en était tombé plus de cent. Il est à remarquer qu'elles se trouvaient toutes sur une zône de quatre cents mètres de large sur quatre mille mètres de longueur, dirigées O. N.-O., à l'E. S.-E., et cette direction était aussi celle du bruit qui précéda la chute. Il paraît résulter de certaines particularités citées par M. Daubuisson, à qui nous empruntons ces détails, que la chute de toutes ces pierres ne fut point simultanée, et qu'il s'écoula jusqu'à soixante-quinze secondes entre les chutes de deux pierres tombées dans le même lieu. Les aérolithes de Grenade ressemblent beaucoup à celles de Laigle et de Bénarès : forme polyédrique irrégulière, angles émoussés, enveloppe vitreuse brune très mince, cassure d'un gris blanc, grenue, fragilité très grande, densité de 3,66 à 3,71; magnétisme sans polarité; le barreau aimanté sépare environ 33 p. 100 de grains métalliques.

1812. 15 avril. Une pierre, aussi grosse que la tête d'un enfant, tombe à Erzleben. Un échantillon de cette pierre fut conservé par le professeur Hausmann, de Brunswick. (*Gilbert,s Annal*, XL et XLI).

1812. 5 août. Chute de pierres à Chantonnay (Vendée). Une de ces pierres a été analysée par M. Berzélius, qui en a fait connaître la composition dans les *Annales* de Poggendorf, t. XXXIII, p. 1. Elle appartient à la variété granulaire non magnétique, et contient de la silice, de la magnésie, de la chaux, du protoxide de fer, du protoxide de manganèse, de l'oxide de nikel, du cuivre, de l'étain, de l'alumine, de la potasse et de la soude. M. John, qui a aussi analysé une de ces pierres, y a trouvé du cobalt.

1813. 14 mars. Pluie de pierres à Cutro, en Calabre; une quantité considérable de poussière rouge accompagnait ces pierres. (*Bibliothèque Britannique*, octobre 1818).

1813. 9 et 10 septembre. Plusieurs pierres, dont l'une pesait dix-sept livres, tombèrent à Limerik, en Irlande. (*Philosophical Magazine*).

1813. 13 décembre. A Lontala, en Finlande, chute d'une pierre qui fut analysée par M. Berzélius. Elle appartenait à l'espèce granulaire et offrait, dans sa composition, une grande analogie avec l'aréolithe de Chantonnay. (*Annales* de Poggendorf, t. XXXIII).

M. Nordenskiold y a reconnu la présence du péridot, et ce fait a été confirmé par M. G. Rose. (*Annales de Chimie et de Physique*, t. XXXI).

D'après un rapport communiqué à l'Académie de Saint-Pétersbourg, la chute de cette aérolithe aurait eu lieu en mars 1814. Cette pierre ressemblerait, d'après M. Laugier, à celle de Stannern; mais Chladni fait remarquer qu'elle est beaucoup plus friable, d'un blanc un peu grisâtre, qu'elle contient des petits grains verdâtres analogues au péridot.

1813. Un grand nombre de pierres tombèrent à Malpas, non loin de Chester. (*Ann. of Philosophy*, nov. 1813).

Chaldni, qui cite cette chute, la regarde comme douteuse, parce que le récit en est anonyme.

1814. 3 février. Une pierre tomba près Bacharut, en Russie. (*Gilbert's Annal*, t. I).

1814. 5 septembre. Plusieurs pierres, dont quelques-unes pesaient dix-huit livres, tombèrent dans le voisinage d'Agen. (*Philosophical Magazine*, vol. XLV).

1814. 5 novembre. Plusieurs pierres tombèrent dans l'Inde, à Doab. On en ramassa dix-neuf. (*Philosophical

*Magazine*). Chacune de ces pierres était enveloppée d'un petit amas de poussière.

1815. 18 février. Une pierre à Duralla, aux Indes. (*Philos. Mag.*, août 1820, p. 156).

1815. 3 octobre. Chute d'une pierre à Chassigny, à quatre lieues de Langres. Calmelet, ingénieur en chef des mines, a donné sur cette aérolithe les détails suivans : On entendit, dans la matinée, un bruit que l'on compara à des coups de canon. Ce bruit se répéta à trois reprises, et, quelque temps après, il s'accrut et ressembla à l'explosion d'une bombe. Au même moment un ouvrier, travaillant dans une vigne, vit près de lui le sol entrouvert et, au-dessus de ce point, une fumée d'une forte odeur sulfureuse. Une pierre, lancée avec une grande force, avait écarté la terre végétale et s'était enfoncée jusqu'au roc. La pureté du ciel n'était altérée que par un léger nuage blanchâtre, qu'on voyait à droite du lieu où avait eu lieu la chute, et dont la naissance était probablement due aux vapeurs qu'avait exhalées l'aréolithe en se brisant.

Cette pierre, enveloppée d'une couche noire, scoriforme, offrait à l'intérieur une couleur gris de perle, une cassure inégale et grenue. Elle était sans action sur l'aiguille aimantée et, d'après l'analyse qu'en a fait M. Vauquelin, elle ne contenait point du nikel ni du fer métallique. (*Annales des Mines*, 1re série, t. I, p. 488 et suivantes).

1816. Une pierre tomba dans le Somertsetshire, à Glanstonburg. (*Phil. Magaz.*).

1817. 2 mai. Il paraît qu'il tomba des pierres dans la Baltique, à la suite du grand météore de Gottembourg. (Chladni).

1818. 15 février. L'on assure qu'une grande pierre tomba près de Limoges ; mais elle resta enfoncée dans la terre. (*Gazette de France*, 25 février 1818).

1818. 30 mars. Pierre tombée près de Zaborzyca, en Wolhynie, analysée par M. Laugier. (Chladni, *Ann. de Chimie*, t. XXXI).

1818. 29 juillet [10 août suivant Chladni]. Une pierre, du poids de sept livres, tomba dans le village de Smobodka, près de Smolensk, en Russie, et pénétra dans le sol à une profondeur d'environ quarante-cinq centimètres. Elle était recouverte d'une croûte noirâtre et présentait à l'intérieur des taches brunes. (Howard, *Tilloch,s Magazine*).

1819. 13 juin. Chute de pierre à Jonzac, département de la Charente-Inférieure. Cette pierre a été analysée par M. Berthier, comme celles de Chassigny, près de Langres; de Stannern, en Moravie, et de Juvénas. Elle ne contient point du fer métallique ni de nikel.

1819. 13 octobre. Pierres tombées près de Politz, dans la principauté de Reuss. (Chladni, *Annales de Chimie et de Physique*, 1826).

1820. Dans la nuit du 21 au 22 mars, chute d'une pierre à Wedimbourg, en Hongrie. (*Idem*).

1820. 12 juillet. Une pierre tomba à Lypna, en Pologne. (*Idem*).

1820. 13 octobre. Chute d'une pierre à Kostritz, Russie.

1821. 15 juin. Chute d'un météorite à Juvénas, Ardèche. Cette pierre ressemblait beaucoup, d'après M. G. Rose, à la dolerite du mont Meissner, dans la Hesse. Elle est remarquable par les matières cristallisées qu'elle contient, et parmi lesquelles M. G. Rose a reconnu du pyroxène augite, du labrador en quantités presque égales, de la pyrite magnétique et de petites paillettes jaunes d'une substance indéterminée. Il résulte de l'analyse faite par M. Laugier, que, par sa composition chimique, elle présente une grande analogie avec les aérolithes de Jonzac, de Stannern, de Lontala et de Chassigny. Son poids était de cent douze kilogrammes. Elle n'est point magnétique.

1822. 3 juin. Chute d'une pierre à Angers. (Chladni).

1822. 10 septembre. Une pierre tomba près Carlstadt, en Suède. (*Idem*).

1822. 13 septembre. Une pierre tomba à l'entrée de la forêt de Tannière, à trois quarts de lieues de la Baffle, près d'Épinal, Vosges. Cette pierre, d'après la description qu'en a donné Vauquelin, ressemble beaucoup à celles de Yorshire, de Sienne, de Bénarès, et aussi à l'aérolithe de Layssac, quoique celle-ci paraisse contenir moins de pyrites.

1822. 15 décembre. Chute de pierres près de Wiborg, en Finlande. (D'après M. Nordenskiold. — *Annales de Chimie*, t. xxv, p. 78).

Ces aérolithes ressemblent à des laves; elles sont si friables, que la seule pression des doigts les réduit en poudre. On distingue dans la poussière : 1° Des grains verdâtres, semblables à de l'olivine; 2° Un minéral blanchâtre, cristallin, qui a beaucoup de rapports avec la leucite; 3° Quelques grains magnétiques, dans lesquels il n'y a pas de nikel; 4° Une cendre verdâtre, formant la masse principale de l'aérolithe, et fusible au chalumeau en émail noir.

1823. 7 août. Chute d'une pierre près de Maira et de Nobleboro, dans le Maine, Etats-Unis. Le poids de cette pierre était de six livres, sa densité de 2,50. Une heure après sa chute, elle répandait encore une forte odeur sulfureuse. D'après Webster, elle n'est point magnétique, quoiqu'elle contienne 14 p. 100 de fer métallique. Son aspect est celui d'un tuf volcanique.

1824. 15 janvier. A neuf heures et demie du soir, chute d'une aérolithe dans la principauté de Ferrare. Un échantillon, envoyé à M. Arago par M. Orioli, professeur de physique à Bologne, a été étudié par MM. Cordier et Laugier, qui l'ont fait connaître dans un Mémoire lu à l'Académie des Sciences. Ce fragment, dont le volume était de cinq à six centimètres cubes, se faisait remarquer par la structure porphyroïde et par la diversité des substances que l'œil pouvait discerner. Les élémens chimiques trouvés par M. Laugier dans cette pierre, sont les mêmes qui composent la plupart des météorites granulaires; mais par la nature et par le mode d'aggrégation de ses élémens minéralogiques, elle diffère de toutes les autres pierres météoriques connues — M. Cordier a pu y reconnaître, à l'aide du microscope, quatre minéraux différens, à savoir : 1° Une matière globuleuse blanchâtre, assez semblable à l'amphigène, dont elle diffère néanmoins beaucoup par sa composition, puisqu'elle ne contient ni potasse, ni alumine ; 2° Des globules métalliques microscopiques, contenant du fer, du nikel, du chrôme et du soufre ; 3° Une matière vitreuse, ou émail noir, semblable à une veine volcanique, offrant quelque analogie avec le péridot, dont elle diffère beaucoup par la proportion des élémens ; 4° Des cristaux microscopiques de pyroxène. De ces quatre substances minérales, une seule, le pyroxène, trouve son analogue parmi les minéraux terrestres. (*Ann. de Chimie et de Phys.*, t. XXXII, p. 305).

1824. D'après Chladni, beaucoup de pierres tombèrent près d'Arenazzo, dans le territoire de Bologne, vers la fin de janvier. L'une de ces pierres, pesant douze livres, est conservée dans l'observatoire de Bologne (Chladni). Cette chute n'est autre, selon toutes les apparences, que celle dont nous venons de parler.

1824. Au commencement de février, une aérolithe tomba dans la province d'Irkutsk, en Sibérie (Chladni).

1824. 14 octobre. Chute d'une aérolithe près de Zébrac, cercle de Bérann, en Bohême. Cette pierre est conservée dans le musée national de Prague.

1825. 14 septembre. Une aérolithe tomba dans les îles Sandwich. Quelques instans avant la chute, le ciel se couvrit de nuages, et de fortes détonnations se firent entendre. La pierre en tombant se brisa sur le sol. Les compagnons du capitaine Kotzebuc recueillirent plusieurs fragments, dont l'un pesait quinze livres. — (*Annales de chimie et de physique*, 1828.)

1826. Chute d'une aérolithe aux environs de Castres, département du Tarn. Un fragment de cette pierre fut communiqué à l'Académie, dans sa séance du 17 juillet 1826.- (*Annales de chimie et de physique*, t. XXXIII, p. 87.)

1827. 9 mai. Vers les quatre heures de l'après-midi, par le ciel le plus serein, plusieurs pierres tombèrent à Drake-Creek, dans l'état de Tennessée. Une détonnation semblable à celle des plus grosses pièces d'artillerie, la formation de quelques petits nuages accompagnés de traînées obscures, enfin un sifflement des plus vifs accompagnèrent la chute. Une des pierres brisa un petit arbre et pénétra de dix pouces dans le sol. Elle était froide, mais sentait le soufre. Une autre fut déterrée à un tiers de lieue de distance de la première, d'une profondeur de onze pouces. Elle pesait onze livres. On recueillit encore trois autres pierres de diverses grosseurs. Elles ont toutes un aspect identique : enveloppe vitreuse noire, couleur blanc légèrement verdâtre, dans la cassure fraîche. L'on remarque dans ces pierres une quantité innombrable de points métalliques, brillans comme de l'argent, et un très-grand nombre de globules noirs vitreux qui semblent avoir subi une fusion complète. — Densité : 3,485. L'analyse faite par un chimiste américain a constaté la présence du nikel et d'une petite quantité de chrôme (1).

1827. 8 octobre. Pluie de pierre à Belostock, en Russie. Un bruit semblable à celui d'un feu continu de mousquetterie précéda la chute et dura 3 à 4 minutes. Ces pierres paraissaient venir d'un gros nuage noir, situé au Zénith. On en recueillit quatre. (*Gazette de St-Pétersbourg*).

1828. 4 juin. Vers neuf heures du matin, chute d'aérolithes aux Etats-Unis, à Richsmond, dans le comté de Chesterfield, en Virginie. Les fragmens recueillis par M. Jonh Coke pesaient plus de trois livres. Ils ressemblaient parfaitement par leur couleur, leur densité, à l'aréolithe qui tomba, en 1807, dans le

(1) Voir plus loin l'analyse.

Connecticut. Sa cassure est granulaire, d'un gris clair, et présente çà et là des points blancs métalliques. On y remarque plusieurs cavités de la grosseur d'un pois. Sa surface est recouverte d'une croûte noire. Tous les fragmens conservaient une forte odeur de soufre plusieurs jours après leur chute.

Les laboureurs qui ramassèrent l'aérolithe entendirent d'abord une explosion semblable à celle d'un canon ; à cette explosion succéda un bruit qu'ils comparèrent à celui d'une voiture roulant rapidement sur une route pavée. Ce bruit devint de plus en plus intense, et en peu de secondes il parut avoir son siége au Zénith. Un moment après, le bruit avait passé outre, et il se termina par un retentissement semblable à celui que produit un corps en tombant. Les laboureurs coururent alors vers le point où le choc semblait avoir eu lieu, et, après quelques recherches, ils aperçurent un trou de douze pouces de profondeur, au fond duquel la pierre se trouvait. La relation (1) de laquelle ces détails sont tirés ne dit rien de l'état du ciel au moment de la chute. (*The American journal of Sciences*, octobre 1828).

1829. 8 mai. Une pierre, du poids de trente-six livres, tomba à la suite d'une forte détonnation dans le comté de Menroë, état de Géorgie, Amérique. (*Mémoires de l'Académir des Sciences*, t. III, 1836, p. 50).

La chute eut lieu entre trois et quatre heures du

(1) Quelques journaux, et notamment le *Moniteur* du 20 décembre 1828, parlent d'une effroyable pluie de pierres qui aurait eu lieu, en 1828, à Puerto-Santa-Maria, en Andalousie, et qui aurait couvert les rues de cette ville jusqu'à une hauteur de quatre pieds. Ce fait, raconté avec des détails peu vraisemblables, n'a point été confirmé, et nous avons tout lieu de croire que ce récit est dû à une erreur de traduction, qui aurait fait rendre par le mot *pierre* le mot espagnol *piedra*, qui signifie aussi grêle. Aussi n'ai-je pas cru devoir faire figurer cette chute dans le catalogue ci-dessus.)

soir, près de Forsyth; elle fut précédée de l'apparition d'un petit nuage noir, d'où partirent de fortes détonnations suivies d'un sifflement effrayant. La violence de la chute fut telle, que la pierre pénétra de deux pieds et demi dans le sol calcaire très dur. Cette aérolithe appartient à l'espèce granulaire; elle est recouverte d'une enveloppe vitreuse noirâtre, de l'épaisseur d'une lame de canif. La cassure montre à l'intérieur une teinte gris de cendre uniforme, avec des grains nombreux de fer métallique très brillans, gros au plus comme une tête d'épingle. La pierre, réduite en poudre impalpable, est presque en totalité attirable à l'aimant; sa densité est de 3,37. (*American journal*).

1829. 14 août. Vers minuit, chute d'une aérolithe près de Déal, dans le Newjersey, Etats-Unis. Sa chute fut précédée par un météore lumineux qui s'éleva d'abord comme une baguette d'artifice, décrivit une courbe et éclata. Il y eut douze ou treize explosions, semblables à des décharges de mousquetterie, et accompagnées de scintillations. La surface des pierres recueillies est noire, unie et irrégulière; l'intérieur, d'un gris clair parsemé de grains métalliques. (*Annales de Chimie et de Physique*, décembre 1829).

1831. 13 mai. Chute d'une aérolithe aux environs de Vouillé, département de la Vienne. Des échantillons de cette pierre, recueillis par M. Babault-de-Chaumont, conservateur du Musée de Poitiers, ont été présentés à l'Académie des Sciences le 12 septembre 1831. Des détails sur cette chute ont été fournis, soit par M. Babault-de-Chaumont, dans une lettre accompagnant les échantillons, soit par M. le maire de Vouillé, dans une lettre communiquée par M. le ministre du commerce à l'Académie, le 11 juillet 1831.

1834. Avril. Pluie d'aérolithes dans la ville de Kandabar, Afghanisthan, pendant une averse furieuse. Un homme fut tué par une de ces pierres, pesant environ cinq livres et un quart. Ce phénomène fut suivi d'un brouillard qui obscurcit le ciel pendant trois jours. (*Mémoires de l'Académie des Sciences*). (1)

1835. 13 novembre. Une aérolithe tombée à Belley, Ain, incendia une grange. D'après une lettre de M. Millet Daubanton, la chute eut lieu vers neuf heures du soir, par un temps serein. Une forte explosion annonça l'approche du météore, qui apparut sous forme d'un corps incandescent très brillant, se mouvant du Sud-Ouest au Nord-Est, et laissant dans le ciel une traînée lumineuse. Le météore parut se diviser dans sa chute, et l'on recueillit plusieurs fragmens, de formes anguleuses, enveloppés d'une couche noire, gris à l'intérieur. (*Mémoires de l'Académie*, 1835, p. 414).

1835. 15 novembre. Une pierre tomba près de Blansko. Examinée et analysée par M. Berzélius, elle a offert les mêmes caractères que les aérolithes de Laigle, de Bénarès, d'Agen, de Wols-Cottage, de Berlongville, etc. Elle contenait 17 p. 100 de fer métallique, et 83 p. 100 de matière pierreuse. (Berzélius, *Institut*, N° 67).

1836. 11 décembre. Vers onze heures et demie du soir, par un ciel très serein, un météore extrêmement brillant éclata avec grand bruit au-dessus de Macao, dans le Céara, Brésil, et projeta, sur une étendue de dix lieues, un très grand nombre de pierres, dont plusieurs pénétrèrent dans des habitations et tuèrent des bœufs. (*Mémoires de l'Académie des Sciences*, 1837, p. 211).

(1) Vers le commencement de 1835, d'après une lettre de Palerme, reproduite par plusieurs journaux, une pluie de pierres, accompagnée de vent, de grêle, de tonnerre, désola la ville de Marsola. Les circonstances merveilleuses qui auraient accompagné ce phénomène, au dire de l'auteur de cette lettre, font douter de l'authenticité de ce fait, qui d'ailleurs a été controuvé plus tard, et que par ce motif j'ai dû rejeter hors du cadre de mon catalogue.

1837. 15 avril. Pierre recueillie par le docteur Hagenbach, aux environs de Surepœnce-Besen, dans le cercle de Leimeritz. Autriche. Cette pierre, pesant un peu plus de demi-livre, était chaude, dit-on, et molle au moment de sa chute. (*Echo du Monde savant*, 1837, p. 85).

1837. Août. Chute d'une pierre à Esnandes, Charente-Inférieure. Cette pierre, du poids de trois livres, fut brisée dans sa chute. Les débris recueillis ont été déposés au Musée de Bordeaux.

1837 Dans la province de Céara et près du village de Macao, à l'embouchure de la rivière Asser, au Brésil, un météore d'une clarté éblouissante, aussi grand que les ballons dont se servent les aéronautes, éclata avec un bruit semblable à celui du tonnerre, et fit pleuvoir une immense quantité de pierres sur une étendue de plus de dix lieues. Un grand nombre tomba à une petite distance des habitations, et la plupart s'enfoncèrent de plusieurs pieds dans le sable. Le poids de plusieurs de ces pierres qui furent recueillies, variait d'une à quatre-vingt livres. Un assez grand nombre de bœufs furent tués ou blessés par leur chute. (*Liverpool Chronicle*).

1838. 13 octobre. Chute d'une énorme aérolithe, dans le Cold-Bokkevel, Cap de Bonne-Espérance. Le météore paraissait avoir, au dire des témoins, environ cinq pieds cubes ; il éclata dans l'air avec un grand fracas, et ses fragmens dispersés enflammèrent en tombant le gazon sur plusieurs points. D'abord assez mous pour céder à l'action d'un instrument tranchant, ils durcirent beaucoup par l'effet du refroidissement. La matière de cette aérolithe est poreuse et hygrométrique. Sa densité, d'après Faraday, est de 2,94. — (Extrait d'une lettre de M. Maclear à M. Herschel. — *Athenæum*, 28 mars 1840).

1840. 17 juillet. Près de Cérésato, aux environs de Milan, à sept heures et quart du matin, à la suite d'une violente détonnation suivie d'un long roulement, une aérolithe tomba et s'enfonça à une profondeur de vingt pouces dans le sol. Cette pierre avait fait explosion dans l'air et s'était divisée en plusieurs fragmens. Un seul fut recueilli, il pesait dix livres deux onces. (*Gazette Piémontaise* du 17 juillet 1840).

1841. 25 février. D'après une lettre de M. Verusmor, de Cherbourg, adressée à l'Académie des sciences, la chute d'un météore sur le toit d'un pressoir alluma un incendie dans le hameau de Bois-au-Roux, commune de Chanteloup, arrondissement de Coutances. (*Compte-rendu des séances de l'Académie*).

1841. Avril. Une pierre, du poids de vingt kilogrammes, d'un aspect métallique, exhalant une forte odeur de soufre, tomba à Bissy-en-Chaume, Côte-d'Or. (M. Gromer, *Echo du Monde savant*, 1841, p. 191).

1841. 12 juin. A la suite d'une forte explosion, de nombreux fragmens d'aréolithes tombèrent aux environs de Château-Renard, sur le territoire de Tregnères. L'on en compta une cinquantaine dont un pesait trois kilogrammes et un autre quinze. Cette chute eut lieu par un temps très serein. — (Communication de M. Warden à l'Académie des Sciences. — *Comptes-rendus*, séance du 21 juin 1841).

1841. 5 octobre. Une aérolithe, du poids de cinq kilogrammes et demi, semblable à une pierre calcinée, et paraissant composée de fer, de soufre et de silice, tomba près de Bourbon-Vendée, au village de Saint-Christophe, près de plusieurs cultivateurs effrayés. Cette pierre, annoncée par l'apparition d'un météore et une forte explosion, s'enfonça en tombant dans la terre à une profondeur de douze à quinze centimètres. (*Echo du Monde savant*, 24 octobre 1841).

1842. 4 juin. Chute d'une pierre près d'Aumières, canton de Saint-Georges, Lozère. M. H. de Barrau a fait connaître, dans les *Mémoires de la Société des Lettres, Sciences et Arts de l'Aveyron*, les circonstances qui ont accompagné cette chute. Elle eut lieu, par un temps très clair, à neuf heures du soir. Elle fut signalée par l'apparition d'un globe lumineux, se mouvant du Nord au Sud, à peu près dans la direction du méridien, et par un bruit analogue au roulement lointain du tonnerre. L'aérolithe pesait environ vingt kilogrammes. Elle répandait, quand on la recueillit, peu de temps après sa chute, une odeur de soufre très forte. Ses caractères et sa composition, que j'ai fait connaître dans les *Mémoires de la Société des Lettres, Sciences et Arts de l'Aveyron*, t. v, p. 732, sont analogues à ceux des météorites granulaires de Bénarès, de Yorkshire, de Sienne, de Laigle, etc. Un fragment a été déposé dans le Musée de Rodez par les soins de M. Lescure, de Lavernhe.

1843. 2 juin. Vers huit heures du soir, dans la commune de Blauwkapel, à cinq kilomètres au Nord-Est d'Utrecht, une aérolithe, du poids de sept kilogrammes, tomba à la suite d'une détonnation entendue à plus de vingt-cinq kilomètres de distance. Cette détonnation fut suivie d'un bruissement que la plupart des témoins comparent au bruit lointain d'une musique militaire ou au son d'une harpe d'Eole. La direction du bruit était de l'Ouest à l'Est. La violence de la chute fut telle, que le météorite s'enfonça de un mètre dans le sol. Il appartenait à l'espèce granulaire, et ressemblait parfaitement à celui de Laigle. (*Echo du Monde savant*, 1843, N° 48, p. 1128).

1843. Le même jour, à la même heure et à la suite de la même explosion, une aérolithe tomba à trois kilomètres à l'Est de la précédente, dont elle n'était sans doute qu'un fragment. Elle pesait deux kilogrammes.

1843. 16 septembre. Une pierre, du poids d'environ trois kilogrammes, tomba près de Kleinwenden, district de Nordhaussen. La masse est grise, l'on y distingue à la loupe des grains de péridot et des cristaux d'augite disséminés. La densité est de 3,7; l'aimant sépare 18,63 p. 100 de matière magnétique. M. Rammelsberg, qui l'a analysée, la considère comme composée de six minéraux distincts, qui sont : le nikel ferrugineux, le fer chrômé, le sulfure de fer magnétique, l'olivine ou péridot, le feldspath labrador et l'augite.

1844. 21 octobre. Chute d'une aérolithe près du hameau de Favars, canton de Laissac, Aveyron. J'ai déjà fait connaître, dans une note détaillée communiquée à l'Académie des sciences, les circonstances qui ont signalé cette chute. Elle eut lieu vers les sept heures du matin, par un temps doux et serein. Le bruit de l'explosion qui la précéda fut entendu à plus de cinquante-cinq kilomètres de distance. Une série de dix ou douze détonnations se succédant avec une telle rapidité, que l'on aurait à peine pu les compter, fut suivi d'un sifflement aigu et prolongé, analogue à celui que produit une balle ou une pierre lancée par une fronde. Ce sifflement se termina enfin par une sorte de tintement métallique, comparable au son lointain des cloches. Ce bruit avait été précédé par l'apparition d'un globe lumineux, d'environ un pied de diamètre apparent, parcourant l'air avec une grande vitesse et laissant après lui une longue traînée lumineuse, qui a persisté encore quelque instans après la disparition du météore. La forme de la trajectoire était rectiligne, légèrement arquée. Sa direction du Sud au Nord. L'aréolithe, recueillie peu d'instans après sa chute, a été déposée au Musée de Rodez. Son poids est de un kilogramme cinquante; sa densité de 3,55 ; sa forme celle d'un tronc de pyramide irrégulier à arêtes arrondies. Une croûte noire, rugueuse, scoriforme l'enveloppe entièrement. Dans la cassure, elle présente l'aspect d'un grès à grain fin, de couleur gris-cendré clair, à texture grenue, inégale, rude au toucher. L'on y distingue aisément à la loupe quatre matières distinctes : 1° Une matière terreuse, friable, de couleur gris de perle, formant la pâte ; 2° Une matière d'un blond un peu jaunâtre, translucide, à cassure vitreuse, formant des grains rares et amorphes, dont l'aspect rappelle quelques variétés de péridot; 3° Une matière métallique, d'un jaune pâle légèrement nuancé de rouge, qui paraît être une pyrite; 4° De petits grains métalliques d'un blanc argentin, brillans, ductiles, composés d'un alliage de fer et de nikel.

1845. Vers la fin de février, d'après la *Revue de Libourne*, cinq à six aérolithes seraient tombées dans la commune de Saint Puy-de-Cartel.

« ... Ces pierres, d'abord en fusion, dit le même » journal, se solidifièrent bientôt, et l'on reconnut » que l'une d'elles, du poids de trente kilogrammes, » contenait beaucoup de matières sulfureuses. »

1846. D'après divers journaux italiens, une aérolithe est tombée, dans le courant de novembre, à Gergenti, en Sicile. Le temps était fort sec et fort beau; aucune trace d'électricité n'existait dans l'air. Le phénomène s'est produit à la suite d'une détonnation, et l'on a vu, à la place où l'aréolithe est tombée, se dégager pendant quelque temps une assez grande quantité de gaz jaunâtre et de fumée.

1846. 25 décembre, jour de Noël, à deux heures de l'après-midi, une aérolithe est tombée à Mindelthal, en Bavière. Voici, d'après la *Gazette d'Augsbourg*, le récit textuel du phénomène :

« .... Le jour de Noël, à deux heures après-» midi, on entendit, aux environs de Mindelthal, » dans une circonférence ayant au moins dix-huit » lieues de diamètre, un bruit qui ressemblait à une » canonnade lointaine. Après une vingtaine de dé-» charges à peu près uniformes, ce bruit se changea » en un roulement dont les tons ressemblaient beau-» coup à ceux d'une timballe en *fu*, et finit par des » sons stridens, pareils à ceux de trompettes éloi-» gnées. Tout le phénomène dura environ trois minu-» tes, et a été entendu de la même manière dans toute » la contrée. Chacun croyait entendre le bruit au-des-» sus de sa tête, mais on ne voyait rien qui l'expli-

» quât. Dans le village de Sconenberg, à l'Ouest de
» Mindelthal, plusieurs personnes ont cependant
» remarqué, au-dessus des maisons, une boule
» noire descendant rapidement, et un homme vit
» tomber cette boule dans un jardin. La nouvelle de
» cet événement se répandit aussitôt dans la com-
» mune, et tous les habitans coururent vers l'en-
» droit indiqué. On trouva une ouverture dans la
» terre et l'on sentit une odeur sulfureuse. On se
» mit à creuser avec empressement, et l'on trouva
» une pierre qui avait pénétré à une profondeur de
» deux pieds dans l'argile gelée. Cette pierre a la
» forme d'une pyramide irrégulière tronquée, avec
» quatre surfaces latérales étroites, et une cinquième
» plus large. La base est assez unie ; le sommet est
» prismatique et les coins arrondis. Son poids est
» d'environ huit kilogrammes. Ses dimensions, huit
» pouces de haut, sept de large et trois d'épaisseur.
» Cette pierre a les caractères extérieurs d'un pro-
» duit volcanique. et ressemble à une *dolerite* à
» petits grains (grünstein). La fracture est grisâtre
» tachetée de blanc. On remarque à sa surface des
» parcelles métalliques cristallisées, surtout des cris-
» taux octaèdriques de fer, qui attirent l'aiguille ai-
» mantée. On croit que d'autre pierres semblables
» sont tombées dans le voisinage, mais jusqu'à pré-
» sent on n'a pu vérifier cette hypothèse. »

*Section* II. — *Chutes de pierres dont il est fait mention dans l'histoire, mais dont la date précise n'est point connue.*

—

( Tableau C ).

## AÉROLITHES DONT LA CHUTE, SANS ÊTRE RAPPORTÉE A UNE DATE CERTAINE, PEUT ÊTRE DÉTERMINÉE APPROXIMATIVEMENT.

Vers la fin du cinquième ou au commencement du sixième siècle, une chute de pierres eut lieu sur le mont Liban et près d'Emirsa, en Syrie. (Damascius).

Sous le pape Jean XIII, une pierre tomba en Italie. ( ***Platina vita*, *Pont.***).

Dans le courant du treizième siècle, une pierre tomba à Wurzbourg. ( *Schottus Physique, cur.*).

Entre 1251 et 1363, une chute de pierres eut lieu à Welikoï-Usting, en Russie. ( *Gilbert's Annal*, t. LXXXXV ).

On conserve à Vienne une masse de fer qui est tombée à Elbogen vers la fin du quatorzième siècle. C'est un météorite ductile, contenant 88 p. 100 de fer métallique malléable. (***Annales de Poggendorf***, t. XXXIII, p. 1 ).

Vers le milieu du dix-septième siècle, un Père Franciscain de Ste-Marie-de-la-Paix, à Milan, fut tué par la chute d'une pierre qui le frappa à la cuisse et pénétra jusqu'à l'os. Cette pierre, recueillie par le célèbre naturaliste Settala, fut conservée dans sa collection. Son poids n'était que d'un quart d'once. Elle était couverte d'une croûte ferrugineuse, et donnait sous le choc du marteau une forte odeur de soufre. ( Manfredo, ***Settala-Museum Settalianum*, *Pauli Mariæ Terzagi descriptum***, 1re édition, 1664 ).

De 1654 à 1668. Grande pierre à Varsovie. ( ***Petrus Borellus.*** — Portée sur mon catalogue en 1654 ).

1674. Olaüs Erikson Wilman, Suédois au service des Indes Orientales, raconte qu'une masse, du poids de huit livres, tomba en pleine mer sur le pont d'un vaisseau et tua deux hommes. Il ne fixe point la date de cette chute; son récit est de 1674. ( *Mémoires de l'Académie des sciences*, t. II, 1836, p. 610 ).

M. Murray fait mention, dans le *Phil. Mag.*, juillet 1819, p. 39, d'une pierre tombée à Pulrose, dans l'île de Man, sans préciser la date. Il dit que la pierre était très légère et semblable à une scorie ; elle devait donc ressembler aux pierres tombées en Espagne en 1438.

---

( Tableau D ).

## CHUTES DE PIERRES DONT LA DATE EST TOUT A FAIT INDÉTERMINÉE.

La Mère des Dieux, qui tomba à Persinus et fut transportée à Rome du temps de Scipion Nasica. ( Biot, *Mémoire présenté à la Société Philomatique*).

Pierre tombée près de Vaisien, *in Vocontiorum agro*. — (Pline, *Histoire naturelle*, t. II, p. 58).

Pierre conservée à Abydos. (Pline).

Pierre conservée à Cassandrie. (*Idem*).

Pierre tombée dans la Russie méridionale, près de Bialoczerkiew. ( Kortum, *Magasin de Woigt*, t. VIII, p. 1 ).

La pierre Noire, conservée à la Mecque. ( Howard, *Philosophical transactions* et *Tilloch's Magazine*, t. XIII ).

Autre pierre conservée aussi à la Mecque. (*Idem*).

La pierre de Tonnerre, avec laquelle un forgeron façonna l'épée d'Antor. ( *Quaterly Review*, vol. XXI, p. 225 ).

D'après Cardanus et Mercati, des pierres grosses comme des coings tombèrent à une époque qui ne nous est point connue, dans une grande plaine, aux environs de Quivira, nouvelle Espagne. ( *Metallotheca Vaticana*, Mercati).

Avicennes dit avoir vu à Cordoue, en Espagne, une masse de fer très dure, du poids de cinquante livres, qui était tombée à Lorges. ( Avicennes, *Apud Averrœs*, lib. II. — Météor., cap. II ).

Jules-César Scaliger assure avoir eu dans les mains un morceau de fer tombé du ciel, en Savoie. (*De subtil. exerc.*, p. 323).

Howard pense que la pierre conservée dans la chaise de couronnement des rois d'Angleterre, est peut être aussi une pierre météorique. (Howard, *Tilloch's Magazine*, vol. XIII).

—

*Section* III. — ***Pierres dont la chute n'est pas mentionnée dans l'histoire, mais que leur ressemblance avec certaines aérolithes a fait considérer comme ayant aussi une origine météorique.***

Le nombre des aérolithes dont on a observé la chute et qui ont pu être recueillies, ne doit former, comme on le pense bien, qu'une très faible fraction du nombre total des aérolithes qui ont été précipitées sur la terre; car, sans parler de celles qui tombent dans les contrées désertes ou qui se perdent dans les mers, il peut arriver souvent qu'elles passent inaperçues, soit que leur chute ayant lieu pendant la nuit, ou dans une région peu habitée, échappe à toute observation, soit que la clarté et le bruit qui signalent habituellement l'arrivée du météore se perdent dans le bruit du tonnerre et dans la lueur des éclairs pendant les orages; soit enfin que l'exiguité de leurs dimensions ou des conditions locales, telles que la présence d'une végétation touffue, d'un lac ou d'un cours d'eau sur le lieu de leur chute, les dérobe à toutes les recherches.

Le nombre des pierres météoriques qui n'ont pas été recueillies a dû être grand, surtout dans les temps reculés, alors que la plupart des continens étaient encore presque déserts; aussi est-il naturel de penser que beaucoup de ces pierres ont dû rester enfouies dans la terre sur le lieu même où elles sont tombées, et l'on doit s'attendre à en voir de temps en temps quelques-unes reparaître au jour, lorsque la terre qui les recouvrait a disparu entraînée par l'érosion des eaux ou par le travail des hommes.

Les météorites de l'espèce granulaire, composés en grande partie de matières terreuses qui se délitent et se désagrègent par l'effet de l'humidité, doivent, il est vrai, se décomposer assez promptement. L'oxidation des pyrites qui entrent généralement dans leur composition, est en outre une cause de destruction qui doit en peu de temps les rendre méconnaissables; les météorolithes ductiles et ferrugineuses trouvent, au contraire, dans leur compacité, dans leur dureté, dans leur composition, une garantie de longue durée, et comme d'ailleurs leur densité très considérable les isole plus facilement des autres pierres avec lesquelles elles pourraient se trouver mélangées, et attire plus aisément l'attention sur elles, il n'est pas étonnant que l'on trouve à la surface du sol des masses de fer météorique, dont la chute est déjà fort ancienne et le plus souvent même ignorée, tandis que l'on ne trouve que peu ou point de météorolithes granulaires dans les mêmes conditions, bien que les chutes de ces dernières soient de beaucoup les plus fréquentes, à en juger d'après les observations qui nous sont connues.

Ces considérations m'ont paru nécessaires pour justifier l'opinion des savans qui regardent comme des météorites ces masses de fer métallique, d'un poids et d'un volume souvent considérable, que l'on a trouvées à la surface du sol dans diverses contrées du globe, et dont le nom de *fer météorique* révèle l'idée généralement admise sur leur origine.

Ces blocs ferrugineux ont toujours été trouvés isolés et épars sur la surface de la terre; jamais on ne les a vus dans une position qui pût les faire considérer comme partie intégrante des masses minérales qui constituent l'écorce terrestre. Elles ne ressemblent d'ailleurs, ni par leurs caractères extérieurs ni par leur composition, à aucun minéral connu.

Leur nature est au contraire identiquement semblable à celle de quelques masses de fer telles que celles d'Agram et du Mogol, dont l'origine météorique ne peut être contestée; les proportions du fer et du nikel, qui les composent presque exclusivement, sont les mêmes que dans les météorites ferrugineux que je viens de désigner, et dans les grains magnétiques que l'on trouve en quantité plus ou moins grande dans presque tous les météorites granulaires.

J'ajouterai que quelques-unes de ces masses de fer natif,

telles que celles de Magdebourg, ont été trouvées dans des lieux où des documens authentiques nous enseignent qu'il y a eu dans le temps des chutes de pierres. Elles se présentent en un mot entourées de toutes les circonstances qui doivent nécessairement accompagner des aérolithes, et que les aérolithes seules peuvent nous offrir. Ne sont-ce point là des motifs suffisans pour nous autoriser à les considérer comme ayant une origine météorique? pour justifier le besoin que nous avons éprouvé de placer ici l'énumération de ces pierres comme complément nécessaire du catalogue des aérolithes?

—

(Tableau E).

## LISTE DES MASSES DE FER MÉTÉORIQUE QUE L'ON CROIT TOMBÉES DU CIEL.

1. Fer météorique, trouvé par Pallas en Sibérie. Cette masse, du poids énorme de seize cents livres, fut trouvée au sommet d'une montagne schisteuse, entre Krasnojarsk et Abekausk. Ce fer est très malléable, on le coupe facilement au couteau, et le marteau l'aplatit et l'étend avec beaucoup d'aisance; sa densité 6,487, est de beaucoup inférieure à celle du fer fondu. Sa cassure présente le lustre brillant et le blanc argentin de la fonte blanche; mais le grain est beaucoup plus uni et plus fin. Le fer de Sibérie présente de petites cavités arrondies, remplies d'une matière vitreuse d'un jaune verdâtre, à cassure conchoïde, très réfractaire, que MM. de Bournon, Howard et Berzélius regardent comme de l'olivine ou du moins comme une substance très analogue. Dans quelques portions de la masse, la partie pierreuse s'est décomposée et a laissé vides les vacuoles du fer, qui devient ainsi cellulaire. Outre le fer et le nikel, qui forment la plus grande partie de la masse, M. Berzélius y a trouvé du cobalt, du manganèse, du cuivre, de l'étain, du magnésium, du charbon, du soufre, du phosphore et de la silice. Les Tartares attribuaient à cette pierre une origine céleste.

2. Fragment de fer natif cellulaire trouvé entre Elibenstork et Johan-Georgestard. (Howard, *Tilloch's Magazine*).
3. Fragment de fer météorique spongieux, comme celui de Pallas, venant probablement de Norwège et placé dans le cabinet impérial de Vienne. (*Idem*).
4. Petite masse de fer celluleux, pesant quatre livres, conservée à Gotha. (*Idem*).
5. Fer natif du désert d'Atacama, au Pérou. Ce fer a été trouvé dans la province d'Atacama, à dix lieues du port de Cabija. Il était disséminé en fragmens, dont quelques-uns très volumineux, sur une étendue de trois ou quatre lieues. Ces fragmens ont tous le caractère du fer météorique. Un morceau, analysé par MM. Allard et Turner (*Transactions d'Edimbourg*, t. II), était composé de fer, 0,9340; — nikel, 0,0662; — cobalt, 0,0053. Il ne contenait ni cuivre, ni chrôme, ni manganèse. Sa densité était de 6,687. Une légère couche d'oxide recouvrait la surface, et l'on voyait dans les vacuoles des fragmens de chrysolite de couleur paille.
6. Fer météorique de La Caille. Catte masse pèse quinze quintaux; elle présente une grande quantité de cristaux octaèdriques ébauchés, contient du chrôme et du nikel, et a tous les caractères extérieurs du damas naturel. Elle fut trouvée, il y a deux cents ans environ, sur la montagne d'Audibert, après un violent orage, et transportée plus tard dans le village de La Caille, près de Grasse, Var. Elle est aujourd'hui conservée au Muséum d'Histoire naturelle de Paris, où elle fut déposée par les soins de M. de Martignac, alors ministre. (Brard, *Nouveaux élémens de Minéralogie*, 3e édition, 1838, p. 350).
7. Fer natif trouvé en Bohême et donné par l'Académie de Freyberg à de Born. Ce fer ressemble beaucoup à la partie compacte des morceaux de fer de Sybérie. Il contient la même matière vitreuse, mais en moindre quantité et en grains tout-à-fait opaques. (De Bournon, février 1802).
8. Masse de fer malléable, du poids de neuf cent soixante-

dix kilogrammes, trouvée dans la ville de Zacatécas, Nouvelle Espagne, par M. Sonnenshmidt, minéralogiste Saxon. (*Gazeta de Mexico*, t. v, p. 59).

9. Deux masses trouvées dans le Groënland et dont les Esquimaux se servaient pour fabriquer des couteaux. (Ross's Account, *of an Expédition to the Artic Regions*).

10. Masses nombreuses de fer natif, trouvées sur les bords de la rivière des Poissons, dans l'Afrique Méridionale. Le fer était répandu en nombreux fragmens sur une étendue considérable. Quelques-uns de ces fragmens avaient de très grandes dimensions. L'analyse, faite par Herschell, a constaté la présence de 0,0461 de nikel et quelques écailles de graphite. Ce fer était très malléable. Sa découverte est due au capitaine Alexandre. (*Philosophical Magazine*, janvier 1839).

11. Fer météorique de Claibonne, dans l'Alabama. L'échantillon examiné par M. Jackson pesait vingt-huit onces; il était recouvert de sous-chlorure de fer dans les surfaces naturelles; sa densité a été trouvée de 6,4 à 6,5; sa ténacité était très grande; ses surfaces, récemment limées, se recouvraient à l'air humide de gouttelettes vertes, contenant des chlorures de fer et de Nikel. L'analyse y a fait reconnaître du fer, du nikel, du chrôme, du manganèse, du soufre et du chlore.

12. Fer météorique de Toluca, au Mexique. Ce fer, analysé par M. Berthier, est très ductile et fort tenace. Il se plie et se contourne plusieurs fois sur lui-même avant de se rompre. M. Berthier y a trouvé 0.9238 de fer et 0,0862 de nikel, sans la moindre trace de cobalt ou de chrôme.

13. Masse ferrugineuse trouvée dans la province de Bahia, au Brésil. Elle a sept pieds de long, quatre de large, deux d'épaisseur, et pèse environ quatorze mille livres. Mernay et Wollaston, (*Philosophical Transaction*, 1816, p. 270).

14. Fer natif trouvé près de Lénarto, en Hongrie. (*Gilbert's Annal*, XLIX).

15. Fer météorique trouvé à deux cents milles du Cap Bonne-Espérance, par le capitaine Barrow. M. Sowerby, possesseur d'une partie de cette masse, en fit faire une lame d'épée qui acquit par la trempe une très grande élasticité. Cette épée appartient aujourd'hui à l'empereur de Russie. M. Tennant a trouvé dans ce fer 10 p. 100 de nikel. (*Annales des Mines*, t. VI, 1re série, p. 260).

16. Fer météorique trouvé à Brahin, en 1809. Ce fer, analysé par M. Laugier, a la plus grande ressemblance avec le fer de Sibérie. Il contient du fer, du nikel, un peu de chrôme, de la silice, de la magnésie et du soufre. (*Bulletin philomatique*, 1823, p. 86).

17. Plusieurs masses de fer ont été trouvées dans le courant de l'année 1810 sur la colline de Tocavïta, près de Santa-Rosa, village situé à vingt lieues au Nord-Est de Bagota, et à deux mille sept cent quarante-quatre mètres de hauteur au-dessus de la mer. Ces masses étaient presque entièrement enfouies en terre, sur un sol formé de grès secondaire. La plus grosse a été trouvée par MM. Boussingault et Mariano de Rivero, à Santa-Rosa, où elle servait d'enclume à un forgeron. Elle est entièrement métallique, d'une forme irrégulière, malléable, facile à limer, d'un blanc argentin dans la cassure. Sa structure est un peu grenue et elle est remplie de vacuoles. Sa densité est de 7,3, son volume de 0 mc. 102, et son poids d'environ sept cent cinquante kilogrammes. Plusieurs masses, beaucoup plus petites, offraient les mêmes caractères. Elles ont donné à l'analyse de 91 à 92 p. 100 de fer, et de 6,30 à 8,5 p. 100 de nikel. (*Annales des Mines*, 1re série, t. IX, p. 412). L'on s'est servi d'une partie de la grande masse trouvée à Santa-Rosa, pour faire une épée qui a été offerte à Bolivar.

18. Deux masses de fer météorique ont été découvertes au village de Rasgata, près de la saline de Zipaquira. L'une pèse vingt-deux et l'autre quarante kilogrammes. Elles sont très malléables et présentent dans la cassure un

éclat argentin. L'une d'elles est entièrement compacte, l'autre est, au contraire, remplie de vacuoles. Elles contiennent de 0,07 à 0,08 de nikel, comme le fer de Santa-Rosa. Leur densité est de 7,60. (*Annales des Mines*, 1re serie, t. IX, p. 412).

19. Fer météorique trouvé par Rubin de Célis à Saint-Jago, province de Tucuma, au Pérou. (*Transactions philosophiques*, 1788). Cette masse, dont le poids est d'environ quinze cents kilogrammes, se trouve, d'après M. de Humbold, au milieu d'une plaine immense qui ne présente aucun rocher; elle était en partie enfoncée dans le sol qui est argileux.

20. Masse de fer trouvée sur la rive droite du Sénégal. Ce fer, qui est en petits grains détachés, a été apporté du Sénégal par le général Shara. Il contient 5 à 6 p. 100 de nikel.

21. Fer météorique trouvé le 19 septembre 1827, près du château de Bohumilitz, province de Prague. Il formait une masse du poids de cent trois livres, entièrement enveloppée d'une croûte épaisse d'hydrate de fer. A l'intérieur, elle était entièrement métallique et ressemblait à du fer ordinaire. On remarquait à l'intérieur beaucoup de cavités et de crevasses remplies de graphite, de pyrites et d'une substance métallique grenue d'un blanc d'argent, qui prenait quand on la mouillait avec l'acide nitrique l'aspect cristallin et moiré, propre aux alliages du fer et du nikel. La densité de ce fer était de 7,146. M. Berzélius l'a analysé et y a trouvé, outre le fer qui forme la presque totalité de la masse, du nikel, du cobalt, du chrôme, de la silice, du phosphore et du charbon. (*Annales de Poggendorf*, t. XXVII, p. 118).

22. Masse de fer trouvée en 1831 aux environs de Magdebourg, à quatre pieds au dessous du sol. Cette masse, provenant peut-être de la chute d'aérolithes qui eut lieu en 998 dans cette même localité, consiste en six morceaux, pesant ensemble cent trente-sept livres. Les morceaux étaient un peu aplatis et arrondis; leur sur-

face était rouillée et recouverte en quelques endroits d'une croûte terreuse. La matière ferrugineuse était dure et cassante comme une fonte blanche ; sa cassure était d'un blanc d'étain un peu gris, grenue et écailleuse, en partie à gros grains, en partie à grains fins. Sa densité était de 7,22 à 7,39. M. Stromeyer, qui en a fait l'analyse, doute, d'après les caractères de ce fer, qu'il soit d'origine météorique ; il l'a trouvé composé des élémens suivans : fer, nikel, cobalt, cuivre, molybdène, manganèse, arsenic, phosphore, soufre, silicium, charbon.

23. On a trouvé auprès de l'usine à fer de Rothehütte, dans le Hartz, une masse métallique qui a le même aspect que la variété à petits grains de Magdebourg. M. Stromeyer l'a analysée aussi ; il y a trouvé les mêmes élémens que nous venons d'énumérer et de plus un peu de calcium. L'origine de cette masse, comme celle de la précédente, est douteuse. (Stromeyer, *Annales des Mines*, 3e série, t. v, p. 570).

24. Fer météorique du comté de Cocke, Ténessée. Cette masse ferrugineuse, du poids de sept à huit quintaux, a été trouvée à la surface du sol. Sa structure est cristalline, et l'on y distingue des veines et des rognons de pyrite magnétique brillante qui forme environ un sixième de la masse. L'on y voit en outre des rognons charbonneux qui renferment des grains de couleur blanc d'argent ressemblant à de l'étain. Ces rognons charbonneux contiennent : carbone 0,93 ; fer 0,06 ; quant à la partie métallique, l'analyse faite par M. Shépart a démontré qu'elle contient 0,9380 de fer métallique, et 0,0466 de nikel. Le même chimiste y a trouvé aussi une petite quantité de chlore ; mais il fait remarquer avec raison que cette substance pourrait bien y être accidentelle, car elle se trouve toujours en proportion plus ou moins grande dans les masses de fer et de fonte qui ont séjourné longtemps dans la mer ou même dans la terre. Densité : 6,222. (*American Journal*, octobre 1842).

25. Fer natif trouvé dans l'alluvion aurifère de Petropawlovsk, arrondissement de Miask. Ce météorite a été trouvé en 1841 à neuf mètres soixante de profondeur. Il reposait sur le sol calcaire que recouvre la couche aurifère. Son poids était de sept kilogrammes seize ; sa forme, un prisme triangulaire irrégulier, à arêtes et angles arrondis ; une croûte d'oxide de 0,002 d'épaisseur le recouvrait entièrement. Ce fer est compacte, homogène ; mais on remarque sur un des côtés une dépression près de laquelle le métal a une tendance à la structure feuilletée. Il est d'ailleurs malléable, quoique un peu plus dur que le fer ordinaire. Sa pesanteur spécifique est de 7,76. Il contient, d'après l'analyse faite par M. Ivanoff : fer 0,93 ; nikel 0,07. (*Annales des Mines Russes*, **1841**, p. 381).

26. Aux environs de Bitbourg, non loin de Trèves, l'on a trouvé une masse de fer pesant trois mille trois cents livres ; elle contient du nikel. L'analyse, faite par le colonel Gibbs, se trouve dans l'*American mineralogical Journal*, t. I. (Chladni, *Annales de Physique et de Chimie*, t. XXXI, p. 263).

27. Peut-être faut-il ranger aussi dans cette classe une grande masse d'environ quarante pieds de hauteur, qui se trouve près de la source de la Rivière Jaune, en Asie. Les Mogols l'appellent *Khadafutfilao*, c'est-à-dire Roche du Pôle, et prétendent qu'elle est tombée du ciel à la suite d'un météore de feu. (Abel Rémusat).

28. Une masse trouvée près de la Rivière Rouge et envoyée de la Nouvelle-Orléans à New-York. D'après Howard, cette masse ne contiendrait point de nikel ; mais une analyse plus exacte du colonel Gibbs y a fait découvrir ce métal.

29. M. de Humboldt signale à Durango, au Mexique, une masse de fer métallique pesant dix-neuf cents kilogrammes.

30. Les Maures ont longtemps exploité, sur les bords du Sénégal, une masse énorme de fer malléable qui n'avait besoin que d'être forgé, et qui par conséquent paraît être de même nature que le fer de Pallas.

31. Fer métallique trouvé dans la Louisiane et analysé par Shepart, qui l'a trouvé composé de 0,9002 de fer, et de 0,0968 de nikel. Nous ne devons pas négliger de rappeler ici, bien qu'ils aient déjà trouvé place dans le Catalogue des pierres dont la chute a été observée :

32. 1° La masse de fer du poids de trente-cinq kilogrammes, qui tomba à Hraschina, près d'Agram, en 1751, et qui est conservée dans le cabinet de Vienne;

33. 2° Le météorite ductile du poids de cinq livres, qui tomba dans le Mogol, près du village de Purgunnale, en 1652;

34. 3° La masse de fer dont la chute eut lieu à Elbogen, vers la fin du quatorzième siècle (1).

Nous terminerons ce Catalogue par l'indication de quelques masses de fer dont les caractères, un peu différens de ceux des météorites et l'absence du nikel, nous rendent l'origine douteuse. J'aurais cru inutile de les citer, si elles n'avaient déjà figuré dans le Catalogue publié par Howard, dans les *Transactions phylosophiques de Londres*. Ce sont :

A. Une masse de fer trouvée à Groskandorf, qui contenait,

(1) L'on a pu remarquer dans le Catalogue des chutes observées un certain nombre d'autres aérolithes désignées comme *masses de fer* ; peut-être aurais-je dû les mentionner dans le Catalogue des fers météoriques ; mais comme l'aspect extérieur de toutes les aérolithes, analogue à celui d'une masse ferrugineuse, a pu quelquefois tromper sur leur véritable nature et les faire désigner par une fausse dénomination, j'ai cru devoir ne citer dans ce Catalogue que les masses de fer sur la nature desquelles une description exacte ne nous laisse point de doute, me contentant d'indiquer sommairement dans ce renvoi celles sur lesquelles nous ne possédons point des renseignemens authentiques et précis.

---

*Chutes de fers météoriques citées par divers auteurs.*

Avant J.-C.

1168. Masse de fer tombée sur le mont Ida, en Crète. (*Chronique de Paros*).

56 *ou* 52. Chute de fer spongieux, en Lucanie. (Citée par Pline).

Après J.-C.

suivant Klaproth, un peu de plomb et de cuivre mais point de nikel. (Howard).

*B.* Une masse trouvée à Aix-la-Chapelle, et contenant de l'arsenic mais point de nikel. (*Gilbert's Annal.*).

*C.* Une troisième masse de fer trouvée sur la montagne de Brianza, dans le Milanais, et dans laquelle l'analyse n'a pas fait non plus découvrir du nikel.

## APPENDICE

### Au Catalogue des Aérolithes.

---

### CHUTES DE MATIÈRES PULVÉRULENTES VISQUEUSES ET GÉLATINEUSES, PLUIES ET NEIGES COLORÉES.

Entre les météorites pierreux et les météorites visqueux et pulvérulens, dont les chutes sont énumérées dans le Catalogue suivant, il semble qu'il n'y ait d'autre différence que celle qui peut exister dans le mode d'agrégation de la matière composante. Dans les pierres tombées que nous avons précédemment

648. Masse de fer tombée à Constantinople. (Howard).
998. » à Magdebourg. (Spangenberg).
1009. » à Djordjan. (Avicenne).
1164. » en Misnie. (Georg. Fabricius).
1368. » dans le duché d'Oldenbourg. (Siebrand).
1440. » Dans le Piémont. (Mercati et Scaliger).
1540 à 1550. Masse de fer tombée dans la forêt de Naunhof. (*Chronique des mines de Misnie*).
1583. Masse de fer tombée à Rose, en Livadie. (Howard).
1618. » en Bohême. (Kronland).
1621. » près de Lahore. (Jean Guir.).
1780. » territoire de Kiusdale. (*Quaterly Review*).
Date incon. » à Lorges, en Espagne. (Avicenne).
Idem » en Savoie. (J.-César Scaliger).

*N.-B.* Si à cette énumération l'on ajoute les masses de fer tombées à Hraschina, en 1751; dans le Mogol, en 1632; à Elbogen, vers la fin du quatorzième siècle, l'on aura le Catalogue complet des chutes de fer météorique dont il est fait mention dans l'histoire.

énumérées, l'on trouve tous les degrés de grosseur, depuis des masses de trois à quatre quintaux, telles que les aérolithes de Weston, de Juvénas, d'Einsisheim, de Vérone, jusqu'à la matière pulvérulente qui enveloppait les pierres tombées dans le Doab, aux Indes, en 1814, et à Cutro, le 14 mars 1813. Que les aérolithes arrivent dans notre atmosphère à l'état fragmentaire, ou que cet état soit le résultat d'une explosion qui les brise en éclats et disperse au loin leurs débris, il est également facile de concevoir la diversité infinie que l'on observe, soit dans la grosseur, soit dans le nombre des fragmens. A ce point de vue, les chutes de poussière sèche, les pluies et neiges colorées par des poussières météoriques ne seraient que des aérolithes fragmentaires, atteignant les limites extrêmes de division, et tombant sous forme de poussière, de pluie ou de neige colorées, suivant l'état de l'atmosphère au moment de leur chute.

Peut-être aurais-je dû, d'après ces considérations, intercaller dans le Catalogue qui précède les observations placées dans le tableau qui va suivre; néanmoins, s'il y a des chutes bien authentiques d'aérolithes pulvérulentes qui ne diffèrent en rien, quant aux phénomènes atmosphériques des chutes de pierres dont elles offriraient une simple modification, il n'en est pas moins certain que l'on a pu souvent confondre avec des chutes de poussières météoriques des chutes de poussières dues à des phénomènes simplement terrestres, tels que les pluies de sables fins emportés et dispersés au loin par les vents; les pluies de cendres volcaniques ou de poussières polliniques de divers végétaux (1). Aussi ai-je cru devoir indiquer séparément et sous

(1) Les pluies de cendres volcaniques ou de poussières enlevées de terre et transportées par les vents, ont souvent lieu à des distances considérables de leur point de départ; ainsi la fameuse éruption du Tombaro, dans l'île Sumbava, en avril 1815, projeta des cendres à une distance de près de deux cents lieues, et leur abondance fut telle, que dans le voisinage de l'île la mer en était couverte sur une épaisseur de un à deux pieds. De même les sables des déserts d'Afrique sont souvent emportés par les vents à une grande distance, et nous rappellerons, entre autres exemples, que le 17 décembre 1845, le vaisseau l'*Arch*

forme d'Appendice, les chutes de poussières et de matières molles, afin de ne point altérer, par des citations de faits douteux, l'authenticité des faits positifs réunis dans mon premier Catalogue.

Le tableau suivant est emprunté en très grande partie au travail publié par Chladni sur le même sujet en 1824.

Années.

472. Le 5 ou 6 novembre. Grande chute de poussière noire aux environs de Constantinople; le ciel semblait en feu. — Procope et Marcellin ont attribué ce phénomène à une éruption du Vésuve. (Chladni, *Annales de Chimie et de Physique*, t. XXXI).

652. Pluie de poussière rouge à Constantinople. (Theophane Cedrenus. — Mathieu Eretz).

742. Pluie de poussière près d'Édesse. (Quatremère).

743. Météore accompagné de chute de poussière dans divers lieux. (Chladni, d'après Theophane).

869. Pluie rouge pendant trois jours aux environs de Brixen. (Chladni, d'après Adrianus Barlandus).

929. A Bagdad, rougeur du ciel et chute de sable rouge. (Quatremère).

1056. Neige rouge en Arménie. (Mathieu Eretz).

1110. Chute d'un corps enflammé dans le lac de Van, province de Vaspouragan, en Arménie. Cette chute eut lieu en hiver, pendant une nuit obscure; l'eau du lac devint couleur de sang. (*Idem*).

1219 ou 1222. Pluie rouge aux environs de Viterbe. (Chladni, *Bibliotheca Italiana*, t. XIX).

*d'alliance*, se trouvant sous le tropique du cancer, par 21° 19' longitude ouest, vit ses gréemens couverts par la poussière rougeâtre du désert de Sahara, qui se trouvait cependant éloigné de plus de quarante lieues. Ces poussières rouges, si communes dans certaines contrées, viennent-elles à tomber par un temps pluvieux? Elles donnent lieu, tout aussi bien que les poussières météoriques, à ces pluies colorées qui, sous le nom de *pluies de sang*, ont fourni le sujet de tant de fables. Tout le monde connaît l'origine non moins simple des prétendues *pluies de soufre*. si communes dans le voisinage des forêts de sapins, dans la saison où ces végétaux livrent aux vents la poussière jaune de leur pollen.

1416. Pluie rouge en Bohême. (Spangenberg).

? Dans le quinzième siècle, apparition d'un météore lumineux à Lucerne. Chute d'une pierre et d'une masse semblable à du sang coagulé. (Cysat. — Chladni).

1501. Pluie de sang dans divers lieux. (Chladni).

1543. Pluie rouge en Westphalie. (*Suni Commentarii.* — Chladni).

1548. 6 novembre. Chute d'un globe de feu avec beaucoup de bruit. On trouva ensuite sur le sol une substance rougeâtre semblable à du sang coagulé. (Spangenberg).

1557. Substance semblable à la précédente en Poméranie. (Chladni).

1560. Jour de la Pentecôte, pluie rouge à Emden et à Louvain. (Fromond).

1560. 24 décembre. Météore igné et pluie rouge à Lillebonne. (*Natalis comes*).

1582 ? 5 juillet. A Rockausen, non loin d'Erfort, chute d'une grande quantité de substance fibreuse, semblable à des crins, après une tempête horrible. (Michel Bapst).

1586. 3 décembre. A Verde, dans le Hanovre, chute de beaucoup de matière rouge et noirâtre avec éclairs et tonnerre (probablement météore igné et détonnation). Cette matière brûlait les planches sur lesquelles elle tombait. (Manuscrit de Salomon, sénateur à Brême).

1591. Pluie de sang à Orléans, à la Madeleine. (Lemaire).

1618. En août. Chute de pierres, météore de feu et pluie de sang en Styrie. (De Hammer).

1623. 12 août. Pluie rouge à Strasbourg. (Elias Habrecht).

1637. 6 décembre. Chute de beaucoup de poussière noire dans le golfe de Volo et en Styrie. (*Philos. transact.*, t. I, p. 377).

1638. Pluie rouge à Tournay.

1643. En janvier. Pluie de sang à Vachingen et à Weinsberg. (Suivant une chronique manuscrite de la ville de Heilbronn. — Chladni).

1645. 23 ou 24 janvier. Chute de poussière à Bois-le-Duc.

1649? 6 octobre. Pluie rouge à Bruxelles. (Kronland et Vendelinus).

1652. En mai. Masse visqueuse, à la suite d'un météore lumineux, entre Sienne et Rome. (Miscell, *Acad. Nat. Curios.*, an 9. 1690)

1665? 23 mars, près Lancha, non loin de Naumburg, il tomba une substance fibreuse comme de la soie bleue en grande quantité. (J. Prætorius).

1678. 19 mars. Neige rouge près de Gènes. (*Philos. trans.*, 1678).

1686. 31 janvier. Une grande quantité de substance membraneuse friable et noirâtre, semblable à du papier demi-brûlé, tomba près de Randen, en Courlande et en même temps en Norwège et en Poméranie. (Miscell, *Acad. Nat. Cur.*, ann. 7. 1688. *in Appendice*).

M. le baron Théodore de Grotthus a analysé une portion de cette substance, qui avait été conservée dans un cabinet d'Histoire naturelle, et y a trouvé de la silice, du fer, de la chaux, du carbonne, de la magnésie, une trace de chrôme et de soufre, mais point de nikel.

1689. Poussière rouge à Venise. (Valisnieri).

1718. 24 mars. Chute d'un globe de feu dans l'île de Lethi, aux Indes. On a trouvé ensuite une matière gélatineuse. (Barchewitz).

1719. Chute de sable accompagnée d'un météore lumineux, dans la mer Atlantique, par 45° de latitude septentrionale, et 322° 45 de longitude. (*Mémoires de l'Académie des Sciences*, 1719).

1721. Vers le milieu de mars, météore accompagné de pluie rouge très abondante, à Stutgard. (D'après une notice écrite le 21 mars par un conseiller.— Vischer).

1737. 21 mai. Chute de terre attirable à l'aimant, sur la mer Adriatique, entre Monopoli et Lissa. (Zanichelli, *Opuscoli di Calogera*, t. XVI).

1744. Pluie rouge à Saint-Pierre-d'Arena, près de Gènes. (Richard).

1755. 20 octobre. Dans l'île de Getland, l'une des Orcades, pluie de poussière noire qui n'était pas venue de l'Hécla. (Chladni, *Philos. trans.*, t. L).

1755. 13 novembre. Rougeur du ciel et pluie rouge dans divers lieux. (*Nov. act.*, *Nat. Cur.*, t. II).

1763. 9 octobre. Pluie rouge à Clèves et à Utrecht. (*Mercurio historico y politico de Madrid*, octobre 1764).

1765. 14 novembre. Pluie rouge en Picardie. (Richard).

1781. En Sicile, poussière blanche qui n'était point volcanique. (*Phil. trans.*, t. LXXII).

1792. 27, 28 et 29 août, sans interruption, pluie d'une substance semblable à de la cendre dans la ville de La Paz, au Pérou. On avait entendu des explosions et vu le ciel tout éclairé. La poussière occasionna de grands maux de tête et la fièvre à plusieurs personnes. (*Mercurio Peruano*, t. VI, 1792).

1796 8 mars. On a trouvé en Lusace, après la chute d'un globe de feu, une matière visqueuse. (*Gilbert's Annal.*, t. LV).

MM. Chladni, Guyton-Morveau et Blumenbach, possédaient des fragmens de cette substance qui avait, suivant Chladni, la consistance, la couleur et l'odeur d'un vernis bleuâtre. Le même physicien pensait qu'elle était principalement composée de soufre et de carbone.

1803. 5 et 6 mars. En Italie, chute de poussière rouge, sèche dans quelques lieux et humide dans d'autres. (*Opuscoli Scelti*, t. XXII).

1811. En juillet. Chute d'une substance gélatineuse, près de Heidelberg, à la suite de l'explosion d'un météore lumineux. (*Gilbert's Annal.*, t. LXIV).

1813. 13 et 14 mars. Chute de beaucoup de poussière rouge et de neige rouge, accompagnée d'un grand bruit, en Calabre, Toscane et Frioul. Il tomba en même temps des pierres à Cutro, en Calabre. (*Bibliothèque Britannique*, octobre 1813 et avril 1814).

Sementini a trouvé dans la poussière de la Silice, de l'alumine, du fer, de la chaux, du chrôme et du carbone. Il paraît qu'il n'a cherché ni la magnésie ni le nikel.

1813. 14 mars. Neige rouge de brique, tombée à Idria, en Carniole, vers les quatre heures de l'après-midi. L'air était calme pendant la chute ; mais la veille un vent assez violent avait soufflé tout le jour. Cette neige tomba pendant plusieurs heures. M. Legallois, témoin oculaire, recueillit une partie du résidu terreux qu'elle contenait, et communiqua ce résidu à M. Vauquelin, qui l'a trouvé composé de silice, d'alumine, de chaux carbonatée, fer, titane et d'une assez forte proportion de matière organique.

1814. 3 et 4 juillet. Grande chute de poussière noire au Canada, avec apparition d'un météore igné. L'événement était semblable à celui de 472. (*Philosophical Magazine*, t. XLIV).

1814. Dans la nuit du 27 au 28 octobre, pluie rouge dans la vallée d'Oneglia, près de Gènes. (*Giornale di fisica*, t. 1, p. 32).

1814. 5 novembre. Pluie de pierres à Doab, aux Indes. Chaque pierre se trouvait entourée d'un petit amas de poussière. (*Philosophical Magazine*).

1815. Vers la fin de septembre, la mer, au Sud des Indes, était couverte de poussière sur une grande étendue. (*Idem*, juillet 1816).

1816. 15 avril. Neige rouge dans divers points de l'Italie septentrionale. (*Giornale di fisica*, t. I, 1818, p 473).

1819. 13 août. Une masse gélatineuse et puante tomba à Amherst, dans le Massachusset, à la suite d'un météore lumineux. (*Sillimann Journal*, t. II, p. 335).

1819. 5 septembre. A Studein, en Moravie, entre onze heures et midi, le ciel étant serein et tranquille, pluie de petits morceaux de terre qui provenaient d'un petit nuage isolé et très clair. (Hesperus, novembre 1819 et *Gilbert's Annal*, t. LXVIII).

1819. 2 ou 5 novembre, à deux heures après-midi, le vent étant de l'Ouest, le ciel couvert, l'air calme et humide, il tomba à Blankerberg, pendant un quart-d'heure, une pluie abondante d'un rouge foncé qui, après avoir peu à peu repris sa couleur ordinaire, tomba tout le reste de la journée. Une certaine quantité de cette pluie, analysée quelques jours après par MM. Meyer et Stoop, a donné trois grains d'un métal très fragile, d'un blanc grisâtre, attirable à l'aimant, qui colorait le borax en beau bleu. Les mêmes chimistes y ont aussi trouvé de l'acide muriatique, de sorte qu'ils pensent que la pluie rouge de Blankerberg contenait du muriate de cobalt. (*Journal de Physique*, 1820, p. 469).

Cette pluie fut observée en même temps en Flandre et en Hollande, et peut-être s'est-elle étendue bien plus loin, s'il est vrai que cet événement ne soit pas sans liaison avec celui qui suit.

1819. En novembre. A Montréal et dans la partie septentrionale des Etats-Unis, pluie et neige noires, accompagnées d'un obscurcissement du ciel extraordinaire, de secousses comme durant un tremblement de terre, de détonnations semblables à des décharges d'artillerie, et d'apparitions ignées qu'on a prises pour des éclairs très forts. (*Annales de Chimie*, t. XV).

Quelques personnes ont attribué le phénomène à l'incendie d'une forêt ; mais le bruit, les secousses, rendent cette hypothèse peu admissible et donnent lieu de croire que cet événement est dû à un phénomène météorologique entièrement semblable à ceux de 472, de 1637, de 1762, du 4 juillet 1814. — Chladni pense que les pierres noires et friables tombées à Alais en 1806, étaient à peu près de même nature que la poussière météorique de Montréal, dans un état de coagulation plus avancé.

1821. 3 mai à neuf heures du matin. Pluie rouge dans les environs de Giessen. M. le professeur Zimmerman a trouvé dans le sédiment brun rougeâtre déposé par cette pluie, de la silice, de l'oxide de fer, du chrôme, de la chaux, du carbone, une trace de magnésie et des parties volatiles, mais point de nikel.

1824. 13 août. Une pluie de poussière s'échappant d'un nuage noir, tomba sur la ville de Mendoza, dans la République de Buenos-Ayres. Le même nuage se déchargea une seconde fois à une distance de quarante lieues. (*Gazette de Buenos-Ayres*, 1er novembre 1824).

1829. 1er octobre. Chute de poussièr eobservée à Orléans, à Versailles et dans plusieurs autres lieux. A la suite d'une forte pluie, des tâches rouges ou brunâtres furent observées dans les cavités des pains de cire étalés dans plusieurs blanchisseries d'Orléans et des environs. M. Fougeron trouva dans la terre qui formait ces tâches du fer, de la silice, de la chaux, de l'alumine, de l'acide carbonique, mais point de nikel. (*Annales de la Société royale des Sciences d'Orléans*, t. II, N° 1).

1830. 16 mai à sept heures du soir, il tomba à Sienne et dans la campagne environnante une pluie qui tachait en rouge tous les objets qu'elle touchait. Le même phénomène se renouvela vers minuit. Depuis le 14, le temps était calme, mais il y avait dans l'atmosphère un brouillard dense et rougeâtre. La matière terreuse colorée recueillie au Jardin des Plantes sur les feuilles d'un grand nombre de plantes, fut analysée par M. Giuli, professeur d'Histoire naturelle, qui l'a trouvée composée de carbonate de fer, manganèse, carbonate de chaux, silice, alumine. (Lettre de M. Giuli, extrait inséré dans les *Annales de Chimie et de Physique*; N° de décembre 1830, tome XLV, p. 419).

# CHAPITRE II.

## DESCRIPTION ET CLASSIFICATION DES AÉROLITHES.

Si l'on a parcouru avec attention le Catalogue dans lequel j'ai réuni les principaux faits relatifs à l'histoire des aérolithes, l'on a dû être frappé de l'invariable uniformité des circonstances météorologiques qui accompagnent la chute de ces pierres. Toutes les observations recueillies et décrites avec quelque soin s'accordent en effet à nous représenter les aérolithes sous l'apparence d'un corps resplendissant de lumière, projetant souvent des étincelles et laissant après lui une traînée lumineuse. Une explosion a lieu avec grand bruit, et l'on voit une ou plusieurs pierres frapper avec violence le sol qu'elles entr'ouvrent, ou sur lequel elles viennent se briser.

Mais cette uniformité, si manifeste dans les circonstances atmosphériques, se retrouve-t-elle dans les aérolithes elles-mêmes ? C'est une opinion populaire assez accréditée, qu'il y a identité dans les caractères et dans la composition de toutes ces pierres ; une telle opinion ne peut être cependant discutée ; il suffit de jeter les yeux sur les Catalogues qui forment la première partie de ce travail, pour reconnaître combien elle est erronée. Prenons pour terme de comparaison quelques météorites bien connus.

— Les météorites du Mogol et d'Agram, et toutes les masses ferrugineuses que leur ressemblance avec ces masses, d'une origine bien authentique, a fait classer parmi les aérolithes, nous présentent les caractères d'un bloc de fer pur ou presque pur, densité variable de 6 à 8, cassure métallique, éclat brillant, parfois presque argentin, propriété magnétique très développée.

— Les météorites de Weston, d'Einsisheim, de Bénarès, de Sienne, d'Aumières, etc., présentent encore, il est vrai, à l'extérieur, l'apparence d'une masse métalloïde noire scoriforme ; mais leur pesanteur spécifique n'est plus que de 3 à 4, et dès que l'on brise la croûte mince qui les enveloppe, l'on trouve une pierre à cassure grenue, grisâtre, offrant le plus souvent l'aspect d'un grès fin dans lequel seraient disséminés, avec plus ou moins d'abondance et de régularité, des grains métalliques, brillans, ductiles, magnétiques.

— Les aérolithes de Chassigny, de Chantonnay, de Lontalax, offrent la même apparence extérieure que les précédentes, mais leur densité est moindre encore; leur action sur l'aiguille aimantée est nulle ou presque nulle, et la matière pierreuse qui les compose est sans mélange de grains métalliques.

— Les aérolithes de Juvénas, de Jonsac, de Stannern, dépourvues aussi de grains magnétiques, se font remarquer par leur structure cristalline, qui leur donne une ressemblance frappante avec certaines roches granitoïdes.

— La pierre tombée à Ferrare le 15 janvier 1824, se distingue au contraire par sa structure porphyroïde, et ressemble à certaines variétés des laves du Vésuve.

— Le météorite d'Alais est composé d'une terre noire, dont la ressemblance avec une masse charbonneuse est telle, que les personnes qui le recueillirent essayèrent de le brûler.

— Les pierres qui tombèrent en 1438 à Roa étaient spongieuses; les aérolithes de Cutro et de Doab étaient accompagnées d'une poussière minérale, et l'on a vu dans beaucoup de lieux des pluies de sable et de poussières, signalées par l'apparition d'un météore igné et par toutes les circonstances atmosphériques qui accompagnent habituellement les chutes d'aréolithes.

— Il paraît enfin que l'on a recueilli, dans des circonstances complètement identiques, des matières visqueuses ou gélatineuses : aux environs de Rome, en 1652; dans l'île de Lethy, en 1718, près de Heidelberg, en 1811, etc.

D'après ce simple aperçu, peut-on dire qu'il y a identité entre toutes les météorolithes ? Au point de vue de la composition physique et mécanique, cette identité ne saurait évidemment exister, car on ne peut assimiler des masses exclusivement métalliques, comme celles d'Agram, à des masses composées de matières pierreuses, avec ou sans mélange de grains métalliques, et celles-ci ne peuvent pas davantage être assimilées à des masses d'apparence charbonneuse, telles que l'aréolithe d'Alais; à des pierres porphyroïdes ou granitoïdes, comme celles de Ferrare et de Juvénas ; à des poussières météoriques, aux météorites visqueux de Rome et d'Heidelberg.

Il semble donc que l'on peut, en ne considérant que les caractères physiques apparens, établir parmi les aérolithes quatre groupes distincts, à savoir :

1° Les météorites ductiles, ou fers météoriques ;

2° Les météorites pierreux ;

3° Les météorites pulvérulens ; poussières météoriques sèches ou humides ;

4° Les météorites visqueux et gélatineux.

Des caractères faciles à constater, tels que la structure, la présence ou l'absence de certains minéraux essentiels, le mode d'aggrégation des élémens ....., nous permettront d'établir dans ces groupes des divisions secondaires, et d'arriver à une classification méthodique, qui peut se résumer dans le tableau suivant (1) :

(1) La classification la plus complète des aérolithes que nous possédions, celle que M. Brard a donnée dans ses *Elémens de Minéralogie*, ne comprend que trois espèces : les météorites ductiles, les météorites granulaires et les météorites charbonneux. Cette classification est évidemment insuffisante, car elle a l'inconvénient de laisser hors de ses rangs plusieurs aérolithes bien connues, et de confondre sous une même dénomination des pierres que tous leurs caractères physiques et chimiques tendent à faire séparer.

# TABLEAU DE CLASSEMENT
## DES AÉROLITHES.

| GROUPES PRINCIPAUX. | ESPÈCES. | VARIÉTÉS. | EXEMPLES. |
|---|---|---|---|
| Météorites ductiles. | Fer météorique. | Compacte.<br>Spongieux.<br>Cellulaire avec olivine. | Fer d'Agram, de Petropawlosk.<br>Fer de Pallas, de San-Jago, du désert d'Atacama. |
| Météorites pierreux. | Métallifères magnétiques | Granulaires.<br>Porphyroïdes.<br>Charbonneux. | De Bénares, de l'Aigle, de Grenade.<br>De Ferrare.<br>D'Alais. |
| | Dépourvus de grains magnétiques. | Granitoïde.<br>Compactes ou grenus. | De Juvénas, de Jonzac, de Stannern.<br>De Chantonnay, de Langres, de Lontala. |
| Matières météoriques incohérentes. | Poussières sèches ou humides. | Poussières sèches.<br>Pluies et neiges colorées. | De Cutro, de la Paz, du Doab.<br>De Montréal, de Stoutgard. |
| | Matières molles. | Matières visqueuses ou gélatineuses. | De Rome, d'Heidelberg, de Lethy. |

Nous allons examiner succintement chacune des espèces que nous venons d'indiquer et les soumettre à une analyse comparative, recherchant : d'une part, les points de contact par lesquels ces espèces se rattachent les unes aux autres; et, d'autre part, les caractères particuliers qui les distinguent et justifient la classification précédente. Nous suivrons dans cet examen des matières météoriques l'ordre dans lequel nous les avons énumérées tout-à-l'heure, et nous aurons ainsi à étudier successivement :

1° Les météorites ductiles compactes ;
2° » » spongieux ;
3° » » cellulaires avec olivine.
4° Les météorites pierreux granulaires métallifères ;
5° » » porphyroïdes ;
6° » » charbonneux ;
7° Les météorites pierreux non métallifères granitoïdes ;
8° » » compactes ou grenus.
9° Les poussières météoriques sèches ou humides ; pluies et neiges colorées.
10. Les météorites visqueux et gélatineux.

---

## Ier GROUPE.

### *Météorites ductiles.*

Les météorites ductiles ou fers météoriques sont comparativement fort rares, et c'est à peine si, sur deux cent soixante chutes d'aréolithes réunies dans notre Catalogue, nous pouvons citer trois ou quatre chutes *bien constatées* de masses ferrugineuses ; car la dénomination de masse de fer, par laquelle quelques auteurs ont désigné certaines aérolithes, ne suffit pas pour établir à nos yeux la nature métallique de celles-ci, lorsque le récit de leur chute n'est point accompagné d'une description exacte ou de détails précis sur leur véritable composition (1).

(1) L'aspect extérieur de la plupart des pierres météoriques, leur ressemblance apparente avec des masses ferrugineuses, a pu souvent tromper un observateur peu exercé ; il n'est pas sans exemple d'ailleurs de

Le fer de Purgunnale, dont la chute a été décrite par Jehangire, empereur du Mogol; la masse ferrugineuse qui tomba à Elbogen, dans le quatorzième siècle, et que l'on voit encore dans le Musée de Vienne; enfin le fer de Hraschina, dont l'origine se trouve constatée par un acte authentique du consistoire épiscopal d'Agram, sont les seules masses de fer météorique dont l'origine soit bien connue, dont la chute soit bien authentiquement constatée. Je ne reviendrai pas sur les considérations qui tendent à faire attribuer une origine semblable à toutes les masses de fer que j'ai énumérées dans la Section III du Catalogue (page 45 et suiv.); ces considérations sont puisées surtout dans la position anormale de ces blocs ferrugineux, qui ne permet pas le plus souvent de leur attribuer une origine terrestre, et dans leur composition sans analogue parmi les minéraux connus de notre globe, mais identique avec celle des aérolithes ductiles d'Agram et d'Elbogen.

Le volume et le poids des météorites ferrugineux sont souvent fort considérables. Le plus grand des météorites pierreux qui nous soit connu, celui qui tomba à Vérone en 1668, pesait environ deux cents kilogrammes (1). La plupart des masses de fer météorique excèdent ce poids, et la masse trouvée dans l'Amérique méridionale ne pèse pas, d'après MM. Tonnelier et Rubin de Célis, moins de douze mille kilogrammes ou environ trois cents quintaux.

J'ai réuni, dans le tableau suivant, le poids et la densité de quelques-unes de ces masses les mieux connues.

voir les physiciens donner le nom de *masses de fer* à des aérolithes pierreuses bien connues, et Chladni lui-même, si compétent en pareille matière, n'a pas toujours échappé à cet abus de mots, car il désigne par le nom de masse de fer l'aérolithe d'Eischtaedt, qu'il décrit cependant comme un météorite pierreux, dans son Mémoire sur l'origine des fers natifs.

(1) Cette aérolithe était divisée en deux fragmens pesant l'un quatre-vingt et l'autre cent-vingt kilogrammes.

# POIDS ET DENSITÉ

## DE QUELQUES MASSES DE FER MÉTÉORIQUE OBSERVÉES PAR DIVERS AUTEURS.

| DÉSIGNATION DES MASSES. | DENSITÉ. | POIDS. | NOMS DES AUTEURS auxquels sont empruntées les citations. |
|---|---|---|---|
| Fer de Pergunnale. | ? | 2 kil. | Ichangire. |
| » de Pétropawlosk. | 7,76 | 7 k. 16 | M. Ivanoff. |
| » de Lorges. | ? | 20 k. | Avicennes. |
| » de Rasgata (1re masse). | 7,60 | 22 k. | *Ann. des Mines*, 1re série, t. 9, p. 412. |
| » de Hraschina. | ? | 33 k. | M. John. |
| » de Rasgata (2me masse) | 7,60 | 40 k. | *Ann. des Mines*, 1re série, t. 9, p. 412. |
| » de Magdebourg. | 7,39 | 54 k. 80 | Stromeyer. |
| » de Bohumilitz. | 7,146 | 60 k. | Berzélius. |
| » du comté de Cocke. | 6,922 | 300 k. env. | Shépard. |
| » de Lacaille. | ? | 600 k. | Brard. |
| » de Sibérie. | 6,487 | 640 k. | Pallas. |
| » de Santa-Rosa. | 7,30 | 750 k. | MM. de Rivière et Boussingault. |
| » de Zacatécas. | ? | 970 k. | Sonnenschmidt. |
| » de Bithourg. | ? | 1320 k. | M. John. |
| » de Tucuma. | ? | 1500 k. | M. de Humboldt. |
| » de Durango. | ? | 1900 k. | M. de Humboldt. |
| » de Bahia. | ? | 3600 k. | Mornay et Wollaston. |
| » d'Aken, près Magdebourg. | ? | 6 à 7000 k. | Lœber. |
| » de l'Amérique méridionale. | ? | 12000 k. | Tonnelier, *Journal des Mines*, t. 13, p. 448. |

Les météorites ductiles ne présentent pas, dans leurs formes, moins de variations que dans leurs poids et dans leurs volumes ; ces formes sont le plus souvent irrégulières, anguleuses, mais à arêtes et angles arrondis. La surface est ordinairement recouverte d'une croûte plus ou moins épaisse d'hydrate ou d'oxide de fer, due à l'altération plus ou moins profonde de la masse métallique, sous l'influence des agens atmosphériques ou au contact du sol humide. Parfois aussi l'on remarque à la surface, comme dans le fer météorique de Claibone, des parcelles de chlorure de fer et de nikel, dont la formation, comme celle des hydrates et des oxides, paraît due à un séjour prolongé dans le sein de la terre.

Malgré l'analogie de leur composition, les météorites ductiles sont loin d'offrir une uniformité complète dans leurs caractères physiques, dans leur structure, dans la proportion relative et le mode d'aggrégation des élémens minéraux qui les composent.

Il serait impossible de faire connaître toutes les variétés que ces météorites peuvent offrir, sans donner une description détaillée de chacun de ceux qui ont été observés et décrits. Je me bornerai à indiquer d'une manière succincte ce qu'il y a de plus saillant dans l'ensemble de leurs caractères et dans leur composition.

Le fer, élément essentiel, caractéristique, commun à tous les météorites ductiles, se trouve toujours uni à une proportion considérable de nikel, métal fort rare, comme l'on sait, à la surface de la terre, et qui n'a encore été signalé dans aucun minérai de fer. A cet alliage métallique se trouvent souvent associés comme élémens accessoires, le péridot, la pyrite, des fragmens charbonneux et des phosphures métalliques.

Ces masses ferrugineuses sont tantôt cristallines et compactes, tantôt spongieuses ou cellulaires, avec ou sans mélange de matières pierreuses.

De là trois divisions distinctes dans la classe des météorites ductiles, à savoir :

Les fers météoriques compactes,

» cellulaires avec olivine ;

» spongieux.

Hâtons-nous de dire que ces divisions, établies sur des différences de structure, correspondent, comme nous l'établirons plus loin, non à des espèces distinctes, mais à de simples modifications d'une même espèce, et que s'il existe des météorites exclusivement compactes ou exclusivement cellulaires, il en existe aussi dans lesquels les variétés de structure que nous venons d'indiquer se trouvant associées deux à deux, établissent d'une manière incontestable les rapports qui les unissent.

L'alliage métallique de fer et de nikel, qui forme exclusivement les météorites compactes et se retrouve dans les autres variétés, possède à peu près les mêmes caractères que le fer forgé. Il est ductile, malléable, susceptible d'acquérir par la trempe la dureté et l'élasticité de l'acier (1). Il se laisse facilement couper et limer; et, lorsqu'après l'avoir poli on le soumet à l'action de l'acide nitrique étendu, il acquiert l'éclat moiré du damas naturel. Sa densité varie suivant le degré de pureté des échantillons; elle est toujours au-dessous du chiffre 7,788, qui représente la densité du fer forgé; mais dans les météorites les plus purs elle approche beaucoup de ce chiffre, et la pesanteur spécifique du fer de Petropawlosk s'élève à 7,76.

La structure de l'alliage ferrugineux, tantôt compacte, tantôt grenue ou lamellaire, offre des modifications nombreuses.

Le fer de Petropawlosk est compacte, homogène, exempt de

(1) Cet alliage est assez ductile pour pouvoir être immédiatement soumis au forgeage sans aucun travail préalable. Ainsi pour citer quelques exemples :

Avec le fer météorique découvert par MM. Rivéro et Boussingault, à Santa-Rosa, où il servait d'enclume à un forgeron, l'on a forgé une épée qui fut offerte à Bolivar. Le fer météorique de Groënland a été longtemps employé par les Esquimaux à la fabrication de divers outils, et notamment de lames de couteaux. Le fer trouvé à deux cents milles du Cap, par le capitaine Barrow, a servi à faire une épée qui appartient aujourd'hui à l'empereur de Russie. Ichangire, empereur du Mogol, fit faire avec le fer tombé, en 1652, à Purgunnale, deux lames de sabre, un couteau et un poignard. Il est vrai que ce dernier météorite n'était point parfaitement malléable; mais il suffit pour le travailler de le mêler avec du fer ordinaire, dans la proportion d'une partie de fer pour deux du météorite.

tout mélange, et présente sur une de ses faces seulement une tendance à la structure lamellaire.

Le fer de Hraschina ou d'Agram ne diffère du précédent que par sa texture, qui est grenue. L'on y distingue deux parties, l'une à gros grains, l'autre à grains fins.

Le fer de Lacaille se fait remarquer par sa structure demi-cristalline, et présente un grand nombre de cristaux octaèdriques ébauchés.

L'on retrouve aussi cette tendance à la cristallisation dans le fer météorique du comté de Cocke, mais la composition n'est plus aussi simple que celle des météorites précédens; l'on y voit des veines et des rognons de pyrite magnétique brillante, qui forment environ un sixième de la masse, et des rognons charbonneux dans lesquels sont disséminés des grains métalliques d'un blanc éclatant.

Le fer de Bohumilitz renferme les mêmes élémens que celui du comté de Cocke; l'on y voit aussi des veinules et des noyaux de pyrites et du graphite mélangé avec une substance grenue d'un blanc d'argent; mais il diffère un peu par la structure de l'alliage magnétique qui, au lieu d'être cristalline, offre la compacité du fer ordinaire.

Dans les météorites cellulaires, l'alliage de fer et de nikel conserve tous ses caractères physiques et chimiques, mais sa texture est différente. Au lieu de se présenter sous la forme d'une masse homogène compacte, il offre un grand nombre de cavités arrondies ou polyédriques, qui lui donnent une apparence spongieuse.

Ce n'est point d'ailleurs par la structure seulement que ces météorites se séparent de la variété compacte ou cristalline; leur caractère distinctif se trouve aussi dans leur composition, dans l'intervention d'un nouvel élément qui forme parfois une portion considérable de la masse.

Ce nouvel élément consiste en une matière vitreuse, semi-cristalline, que sa composition aussi bien que ses caractères physiques et les formes cristallines dont il offre quelquefois des traces, ont fait rapporter à l'espèce minérale, connue sous le nom d'*olivine* ou *péridot*.

Cet élément vient-il à disparaître sous l'influence d'une cause quelconque, il ne reste plus alors qu'une masse spongieuse, un squelette ferrugineux, criblé d'un grand nombre de cavités.

Les météorites ductiles spongieux semblent donc pouvoir être considérés comme le résultat de l'altération subie par les météorites cellulaires. J'ignore s'il existe des fers originairement spongieux, dont les cellules fussent vides au moment de leur chute; je ne connais aucune observation qui puisse faire croire à l'existence de semblables météorites, tandis que l'on connaît des fers spongieux produits évidemment par l'altération d'une masse primitivement cellulaire, dont la partie pierreuse a été détruite en totalité ou en partie. Je n'en veux d'autres preuves que la description suivante de deux fragmens de fer de Pallas, description que j'emprunte à M. de Bournon (1), et qui aura le double avantage de nous faire connaître d'une manière précise l'un des types classiques des météorites ductiles, et de nous montrer par quelle série de modifications les fers cellulaires peuvent passer à l'état spongieux.

Les deux fragmens de fer de Sibérie décrits par M. de Bournon appartiennent à la riche collection de lord Gréville.

« L'un de ces fragmens offre une texture cellulaire et ramifiée, ayant quelque analogie avec celle de certaines scories » volcaniques très poreuses et légères; c'est la texture ordinaire des échantillons de ce fer natif qui existent dans les » différens cabinets de l'Europe. En l'examinant avec attention, on observe qu'en outre des parties cellulaires vides, » les parties de fer elles-mêmes portent, par des enfoncemens » plus ou moins profonds et souvent parfaitement arrondis, » l'empreinte de corps durs qui y étaient placés et qui, en » se dégageant, ont laissé les parois de ces enfoncemens » lisses et ayant fréquemment le lustre du métal poli. Il reste » çà et là, dans ces enfoncemens, de petites parties d'une » substance d'un vert jaunâtre et transparent, à laquelle on » reconnaît facilement que les enfoncemens sont dus.

(1) Mémoire lu à la *Société royale de Londres*, par MM. Howard et de Bournon, 25 février 1802.

» La partie métallique est très malléable; elle se laisse faci-
» lement couper avec un couteau, et le marteau l'aplatit et
» l'étend avec beaucoup de facilité. Sa pesanteur spécifique
» est de 6,487, très inférieure à celle du fer fondu. Sa cassure
» présente le lustre brillant et le blanc argentin de la fonte
» blanche, mais le grain est beaucoup plus uni et plus fin; il
» est aussi beaucoup plus malléable à froid.

» Le second morceau offre un aspect qui diffère à quelques
» égards de celui du morceau précédent. La partie principale,
» la plus considérable, forme une masse solide et compacte,
» dans laquelle on ne voit absolument aucun vide; mais il s'é-
» lève sur sa surface des parties blanches et cellulaires, sem-
» blables au morceau qui vient d'être décrit et faisant partout
» continuité avec la masse totale. Si l'on examine avec atten-
» tion la partie compacte de ce morceau, on aperçoit qu'elle
» n'est pas en entier formée de fer métallique seulement; mais
» mélangée en proportion à peu près égale de la même subs-
» tance transparente d'un vert jaunâtre dont il a été parlé plus
» haut. Le mélange de cette substance avec le fer métallique
» est tel, que si l'on fait disparaître par la pensée cette même
» substance, la masse totale, qui alors ne serait plus compo-
» sée que de fer métallique, présenterait le même aspect cel-
» lulaire que le morceau précédent. »

J'ai cru devoir reproduire textuellement cette description; à cause de l'exactitude et de la précision des détails qu'elle contient. Il existe, comme on voit, dans la masse de fer de Sibérie, deux minéraux bien distincts : l'un métallique, ductile et magnétique, l'autre d'un aspect vitreux, d'une couleur vert-jaunâtre... Nous avons déjà fait connaître les caractères de l'alliage magnétique; quant à la matière jaune vitreuse, elle se présente généralement sous forme de globules amorphes, ou de petits noyaux arrondis, offrant quelques facettes irrégulières.

M. de Bournon a soumis cette substance à de nombreux essais, et les caractères reconnus par lui sont les suivans :

*Densité* : 3,263;

*Fragilité* : assez grande;

*Cassure* : conchoïde;

Point de *clivage* déterminé ;

*Dureté :* plus grande que celle du verre et moindre que celle du quartz ;

*Eclat* et *transparence :* vitreux.

Soumise à l'action prolongée d'un feu de reverbère, la matière conserve sa transparence et n'éprouve d'autre changement qu'une coloration plus foncée.

De cet ensemble de caractères, M. de Bournon concluait avec raison que les globules vitreux du fer de Pallas étaient de même nature que le minéral connu sous le nom de *péridot*, *olivine* ou *chrysolite des volcans*, et ce rapprochement a été pleinement confirmé par les résultats de l'analyse chimique qu'a faite M. Howard, et par les recherches cristallographiques de M. Gustave Rose.

Bournon n'avait pu trouver, dans l'olivine de Pallas, aucune facette paraissant provenir d'une cristallisation régulière; Gustave Rose fut plus heureux : des grains d'olivine de Pallas, faisant partie de la collection minéralogique de l'Université de Berlin, lui fournirent un cristal presque complet, dont les plans nombreux, lisses et brillans, se prêtaient parfaitement à des mesures d'angles exactes. Ce cristal, dont la forme était un prisme droit à base rhombe, modifiée par un grand nombre de troncatures, a été décrit avec beaucoup de détail dans les *Annales de Chimie et de Physique*, t. XXXI, p. 94.

Les angles offrent une concordance frappante avec ceux que MM. Mohs, Phillips et Mitcherlitch ont déterminé dans le péridot, et tous les plans peuvent se déduire, par des lois simples de décroissement, de la forme primitive qui caractérise les cristaux du même minéral, si communs dans certaines basaltes. (*Voir pl.* 1, *fig.* 1).

M. Rose a eu l'occasion d'examiner encore quelques autres morceaux cristallins de l'olivine de Pallas, dont les formes, quoique bien moins complètes, l'ont cependant toujours ramené à celle du péridot.

Ainsi, les caractères physiques constatés par Bournon, la composition chimique étudiée par Stromeyer, Walmstedt, Howard, John, Berzélius......, enfin les recherches christallographiques de Gustave Rose, ne nous laissent aujourd'hui aucun doute sur la nature de cette substance qui, regardée d'abord par quelques minéralogistes comme un verre analogue à celui que l'on trouve parfois dans les laitiers des hauts-fourneaux, avait fait naître quelques doutes sur l'origine de ce fer météorique (1).

Dans quelques échantillons, l'olivine se présente à un état plus ou moins avancé de décomposition, et son aspect est alors le même que celui qu'offre dans des circonstances semblables le péridot des basaltes ou des laves volcaniques. Ainsi, tantôt sans avoir perdu de son éclat et de sa transparence, il est seulement devenu plus friable; tantôt il est grenu, coloré en jaune ou en rouge, et comme recouvert d'une couche ocreuse; tantôt enfin il est complètement transformé en une matière blanche, opaque, très friable, se réduisant sous la pression du doigt en une poussière sèche et rude au toucher.

Ces divers degrès de décomposition, observés dans l'olivine de Pallas, en nous faisant concevoir la possibilité de la destruction totale de cette matière, nous expliquent l'origine de la texture cellulaire et caverneuse que l'on remarque dans les échantillons de fer de Pallas privés d'olivine.

Nous possédons plusieurs analyses, soit du fer, soit de l'olivine, qui entrent dans la composition de ce météorite; l'analyse de la partie ferrugineuse trouvera plus loin sa place, dans un tableau synoptique destiné à faire connaître la composition comparée des diverses masses de fers météoriques: quant à l'olivine, voici les résultats des analyses faites par MM. Berzélius et John :

(1) Déjà, avant les recherches de M. G. Rose, l'étude des caractères optiques de l'olivine de Pallas avait démontré à M. Biot que cette substance n'était pas une matière fondue comme le verre, mais qu'elle avait une structure cristalline et possédait, comme le péridot, deux axes de double réfraction.

| Olivine de Pallas. *D'après M. Berzélius.* | | Olivine de Pallas. *D'après M. John.* | |
|---|---|---|---|
| Silice | 0,4086 | Silice | 0,3905 |
| Magnésie | 0,4735 | Magnésie | 0,4100 |
| Protoxide de fer | 0,1172 | Protoxide de fer | 0,1600 |
| Protoxide de mang. | 0,0043 | Oxide de manganèse | 0,0062 |
| Oxide d'étain | 0,0017 | — de chrôme | 0,0025 |
| | | — de cobalt | 0.0008 |
| | 1,0053 | | 0,9745 |

La description minutieuse que nous avons donnée du fer de Pallas ou de Sibérie, nous dispensera d'entrer dans de nouveaux détails au sujet des autres météorites cellulaires, qui n'en diffèrent généralement que par la plus ou moins grande abondance de la partie pierreuse; les plus grandes masses connues de fer météorique appartiennent à cette variété; nous citerons notamment la grande masse du désert d'Atacama, laquelle ressemble parfaitement au fer de Sibérie; celles de Santa-Rosa, de Rasgata, de San-Jago, de Brahin, d'Elibenstock, de Bohême, etc.

Les unes offrent une structure caverneuse, comme la plupart des fragmens du fer de Sibérie; les autres ont encore conservé en totalité ou en partie la matière vitreuse qui remplissait primitivement leurs vacuoles, et ressemblent parfaitement à la partie compacte du même fer météorique. Parmi ces dernières, nous citerons comme les mieux connues le fer d'Atacama et de Bohême: dans ce dernier, l'olivine est beaucoup moins abondante et en grains tout-à-fait opaques. Le fer de San-Jago offre cela de remarquable qu'une partie est tout-à-fait compacte et homogène, tandis que le reste de la masse est caverneuse, de sorte que nous trouverions dans ce météorite la réunion des deux variétés compacte et cellulaire, comme le fer de Pallas nous a offert la réunion des deux variétés cellulaire et spongieuse; aussi les trois divisions que nous avons établies dans la classe des météorites ductiles, doivent-elles être considérées comme corsespondant (ainsi que nous l'avons déjà fait observer) non à trois espèces distinctes, mais à trois variétés d'une même espèce, dont l'élément essentiel, composé d'un alliage de fer et de nikel, admettrait comme élémens minéralogiques accessoires la pyrite ferrugineuse, le graphite, des phosphures métalliques, le péridot.

Tels sont les composans minéraux que l'analyse a fait découvrir jusqu'à ce jour dans les masses de fer considérées comme météoriques; quant à leurs composans élémentaires, ceux que l'on a signalés sont : le fer, le nikel, le cobalt, le chrôme, le manganèse, le magnésium, le silicium, le soufre, le sélénium, le phosphore et le carbonne.

M. Stromeyer assure en outre avoir trouvé du cuivre, dans la proportion de 0,001 à 0,003 dans tous les fers natifs qu'il a analysés. Il a trouvé aussi de l'arsenic et du molybdène dans deux masses de fer de Magdebourg et de Rothehütte; mais l'origine météorique de ces fers est, d'après lui-même, fort douteuse.

Nous devons rappeler enfin que MM. Jakson et Shépart ont trouvé une très petite quantité de chlore dans les masses ferrugineuses de Claïbone et du comté de Cocke, en faisant observer toutefois que cette substance s'y trouve probablement d'une manière adventive.

J'ai réuni dans le tableau suivant les analyses qui m'ont paru les plus dignes de confiance.

## COMPO-

### DE QUELQUES MASSES

| | Densité | Fer. | Nickel. | Cobalt. |
|---|---|---|---|---|
| Fer de Sibérie, par Klaproth. | 6,487 | 0,9800 | 0,120 | » |
| » de Sibérie, par John. | » | 0,9000 | 0.075 | 0,025 |
| » de Sibérie, par Berzélius. | » | 0,88042 | 0.1073 | 0,00455 |
| » de Mexique, par John. | » | 0,9675 | 0,0325 | » |
| » Fer de Hraschina, par John. | » | 0,9650 | 0 0350 | » |
| » de Hraschina, par Holger. | » | 0.8816 | 0,1184 | » |
| » du c.té de Cocke, p. Shépart. | 6,222 | 0.9380 | 0,0466 | » |
| » de Bohumilitz, par Berzélius. | 7.146 | 0,93775 | 0,03812 | 0,00213 |
| » d'Atacama par MM. Allard et Turner. | 6.687 | 0,93400 | 0,06618 | 0,00535 |
| » de Petropawlosk, p. M. Ivanoff. | 7,76 | 0.930 | 0,070 | » |
| » de Lénarto, par John. | » | 0.9200 | 0,0700 | 0,0050 |
| » de Brahim (var. blanche) par Laugier. | » | 0,9150 | 0,0150 | » |
| » de Brahim (var. bleuâtre), p. Laugier. | » | 0,8735 | 0.0250 | » |
| » de Toluca (Mexique), par M. Berthier. | » | 0.914 | 0,086 | » |
| » de Santa-Rosa, par MM. de Rivière et Boussingault. | 7,3 | 0.9120 | 0,0820 | » |
| » de la Louisiane, par Shépart. | 7,50 | 0 90020 | 0.09674 | » |
| » d'Afrique, par Tennent. | » | 0.9000 | 0,1000 | » |
| » de l'Amérique méridionale, par Proust et Howard. | » | 0,9000 | 0,1000 | » |
| » d'Elbogen, par Berzélius. | » | 0.88231 | 0,08517 | 0,00762 |
| » d'Elbogen, par John. | » | 0,875 | 0,087 | 0,019 |
| » de la Caille, par le duc de Luynes. | » | 0.8763 | 0,1737 | » |
| » du Sénégal, par Howard. | » | 0,845 | 0,055 | » |
| » de Bohême, par Howard. | » | 0,810 | 0.190 | » |
| » de Bitbourg, par John. | » | 0,7882 | 0.0810 | 0,0300 |
| » de Claibone, p. M. Jackson. | 6,45 | 0.6650 | 0,24708 | » |
| » de la Rivière des poissons, p Herschel. | » | 0,95 | 0,0461 | » |

# SITION

## DE FER MÉTÉORIQUE.

| Chrôme. | Manganèse. | Magnésium. | Soufre. | ÉLÉMENS DIVERS. |
|---|---|---|---|---|
| » | » | » | » | Charbon 0,00043 |
| » | » | » | » | Etain et cuivre 0,00066 |
| » | 0.00132 | 0,00030 | traces | Partie insoluble 0.00480 composée de: Fer 0,002336 |
| » | » | » | » | Nickel 0,000878 |
| » | » | » | » | Magnésium 0,000461 |
| » | » | » | » | Phosphore 0.000886 |
| » | » | » | 0,0144 | Carbone, silice et phospore 0,001<br>Chlore traces. |
| » | » | » | » | Résidu insol. 0,022 comp. de: Oxide de fer et phosphate de fer 0,680 |
| » | » | » | » | Oxide de nickel 0,162<br>Silice et fer chrômé 0,142 |
| » | » | » | » | Charbon et silice |
| » | » | » | » | Fer sulfuré 0,0030. |
| trace | » | » | 0,0100 | Magnésie 0.020. Silice 0,030 |
| 0,0030 | » | » | 0.0185 | Magnésie 0.021. Silice 0,063 |
| » | » | » | » | Ce qui correspond à 1 N + 12 F. |
| » | » | » | » | Phosphures métalliques 0,02211 composées de |
| » | » | » | » | |
| » | » | » | » | |
| » | » | » | » | Fer 0,6811 |
| » | trace | 0,00279 | traces | Nickel, Magnésium 0,1772 |
| 0,019 | | » | » | Phosphore 0,1417 |
| » | » | » | » | |
| » | » | » | » | |
| » | » | » | » | |
| » | » | » | 0.0430 | Silicium 0,0008<br>Sélénium et carbone traces |
| 0,03240 | | » | 0,04000 | Chlore 0,01480 |
| » | » | » | » | Un peu de graphite. |

IIe GROUPE.

## MÉTÉORITES PIERREUX MÉTALLIFÈRES.

Si l'on n'avait égard qu'aux caractères physiques et mécaniques, il existerait une ligne de démarcation bien tranchée entre le météorite ferrugineux que nous venons de décrire et les météorites pierreux ; mais au point de vue minéralogique et chimique, la différence est loin d'être aussi marquée.

Nous avons vu, en effet que l'alliage métallique de nikel et de fer, qui se montre pur et sans mélange à l'état compacte ou cristallin dans les premiers termes de la série météorique ductile, se montre au contraire, dans les termes inférieurs de cette même série, à l'état spongieux ou cellulaire et mélangé d'une quantité souvent considérable de matières vitreuses ou pierreuses, de pyrites, de graphite....

Supposons que ce même alliage métallique, dont la proportion n'est guère de plus de 0,50 dans quelques météorites ductiles cellulaires, et notamment dans certaines parties de fer de Pallas, devienne plus rare encore et plus divisé, de telle sorte que les parcelles ferrugineuses qui entrent dans sa composition, cessent d'être soudées entre elles, et au lieu de former un tout continu, une sorte de squelette ou de réseau métallique enveloppant les parties pierreuses ou pyriteuses, ne forment plus que des globules ou de petites veines disséminées au milieu des matières pyriteuses et pierreuses devenues prédominantes, nous aurons ainsi une liaison bien naturelle entre les météorites ductiles et les météorites granulaires métallifères, qui constituent le premier groupe de nos météorites pierreux.

Un défaut de liaison dans la partie métallique, devenue proportionnellement moins abondante, forme, comme on le voit, la ligne de démarcation entre ces deux premières classes d'aérolithes; la composition de cet élément métallique est d'ailleurs identiquement la même que dans les météorites ductiles ; et pour se convaincre de cette identité, il suffira de mettre en regard du tableau page 78, le tableau suivant, dans lequel j'ai réuni quelques analyses indiquant la composition chimique des grains métalliques extraits de diverses aérolithes granulaires.

| LIEU ET DATE DE LA CHUTE. | | NOM des chimistes. | FER. | NICKEL. | COBALT. | ÉLÉMENS DIVERS. |
|---|---|---|---|---|---|---|
| Météorite de Blansko | 1835 | Par Berzélius | 0,9380 | 0,05053 | 0,00347 | Etain et cuivre 0,0046 -soufre 0,00324 |
| » de Laigle | 1803 | » John | 0,927 | 0,055 | » | Traces de chrôme et de manganèse. |
| » de Sienne | 1794 | » John | 0,927 | 0,052 | » | Traces de chrôme et de manganèse |
| » de Plœnn | 1753 | » Howard | 0,910 | 0,090 | » | |
| » de Richmond | 1828 | » Shépard | 0,909 | 0,091 | » | |
| » de Favars | 1844 | » Filhol | 0,9015 | 0,0985 | » | |
| » d'Aumières | 1842 | » Filhol | 0,8846 | 0,1154 | » | |
| » de Sienne | 1794 | » Howard | 0,800 | 0,200 | » | |
| » de Bénarès | 1798 | » Howard | 0,730 | 0,260 | » | |
| » de Château-Renard | 1841 | » Dufrénoy | 0,832 | 0,168 | » | |
| » de Kostritz | 1820 | » Stromeyer | 0,923 | 0,077 | » | |

La présence, dans les fers et dans les pierres météoriques, d'un même élément minéral différent de tous les minéraux terrestres, semblerait devoir suffire pour établir une liaison remarquable et faire naître l'idée d'une communauté d'origine entre ces deux groupes de météorites ; mais ce point de contact n'est pas le seul qui les unisse : nous avons vu que les principaux élémens subordonnés au fer métallique dans les météorites cellulaires, étaient l'olivine ou péridot, et la pyrite magnétique ; l'analyse chimique et microscopique a fait reconnaître ces mêmes élémens dans un grand nombre d'aérolithes granulaires ; ainsi, je le répète, entre les fers cellulaires, tels que celui de Pallas, du désert d'Atacama, de Bohême, etc., et les aérolithes pierreuses métallifères, la différence est moins dans la nature des élémens composans, que dans la proportion relative de ces mêmes élémens. La matière pierreuse, qui joue un rôle secondaire dans les météorites de la première classe, devient au contraire dominante dans ceux de la seconde, tandis que la proportiou de l'élément métallique diminue de plus en plus, et finissant enfin par disparaître entièrement, conduit, par une gradation insensible, au deuxième groupe de la même classe, composé des aérolithes pierreuses non magnétiques.

L'état minéralogique des élémens composans, leur mode d'aggrégation, leur nature, m'ont conduit à admettre dans ce deuxième groupe deux subdivisions, à savoir : les aérolithes granitoïdes, et les aérolithes compactes ou grenues. Les pierres métallifères admettent de leur côté trois variétés ; nous aurons donc à distinguer et à décrire, parmi les météorites pierreux, cinq types principaux ; mais avant de faire connaître leurs caractères distinctifs, je vais examiner rapidement ceux qui leur sont communs.

Presque toutes les aérolithes recueillies au moment de leur chute et décrites avec exactitude, appartiennent à la classe qui nous occupe, et le plus souvent à l'espèce granulaire métallifère, quelle que soit du reste leur composition et l'espèce à laquelle elles se rapportent ; elles offrent dans leurs caractères extérieurs et leur aspect une invariable uniformité. Ce sont des masses polyédriques irrégulières, dont les angles et les arêtes sont généralement arrondis et comme émoussés ; une croûte noire scoriforme, luisante, mais souvent rugueuse et comme chagrinée, les recouvre entièrement et pénètre parfois, sous forme de filamens ramifiés, dans l'intérieur de la pierre. Cette croûte, dont l'épaisseur est variable mais toujours très faible, présente tous les caractères d'une matière fondue, et paraît être le résultat de l'altération que l'influence simultanée de l'oxigène atmosphérique et d'une haute température pourrait avoir fait subir à la matière de l'aérolithe au moment de sa chute (1).

Rien n'est plus variable que le volume et le poids des météorolithes; sans atteindre le poids énorme de trois cents quintaux, que nous a offert le fer météorique de l'Amérique méridionale, elles arrivent parfois néanmoins à des dimensions considérables. La pierre de Vérone, la plus grosse qui nous soit connue, ne pèse pas moins de cinq quintaux. L'on en cite quelques autres qui pèsent de un à trois quintaux; mais le poids est ordinairement compris entre 0 livres et cinquante ou soixante livres, et dans ces limites, il n'est presque aucun degré de grosseur qui n'ait été observé dans quelque aérolithe. L'on en jugera par le tableau suivant:

(1) Lorsque l'on expose à la flamme oxidante du chalumeau un fragment de la matière grise qui compose habituellement la masse intérieure des pierres météoriques, on le voit bientôt se recouvrir d'une pellicule scoriforme et noire, semblable à celle qui enveloppe les aérolithes. Cette observation tend à confirmer l'opinion que je viens d'émettre sur l'origine probable de cette croûte superficielle dont la formation n'aurait lieu qu'au moment où les aérolithes pénètrent dans notre atmosphère. La vitesse immense de leur mouvement, à travers un milieu fluide résistant, le frottement considérable qui doit en résulter, donnent lieu à un grand développement de calorique, et la surface des aérolithes se trouve soumise ainsi pendant quelques instans à l'action combinée d'une chaleur excessive et d'un courant d'air rapide, conditions identiques avec celles que réalise en petit la flamme oxidante du chalumeau.

# POIDS

## DE QUELQUES PIERRES MÉTÉORIQUES.

| DATE. | LIEU DE LA CHUTE. | POIDS de l'aérolithe. |
|---|---|---|
| 14 mars 1813. | A Cutro. | Poussière impond. |
| 5 novembre 1814. | A Doab. | » |
| 26 avril 1803. | A Laigle. | 2 gros. M |
| 17me siècle. | A Milan. | 1\|4 d'once. |
| 1811. | A Balanguillas. | 3 onces 1\|4. |
| 8 juillet 1779. | A Petiswode. | 3 onces 1\|2. M |
| 17 juin 1809. | A bord d'un vaisseau. | 6 onces. |
| 15 avril 1837. | A Surepoence. | 8 onces. |
| 7 juillet 1635. | A Calce. | 11 onces. |
| 10 avril 1812. | A Grenade. | 2 livres. M |
| 30 janvier 1810. | Dans le cté. de Carswel. | 2 livres. M |
| 17 mai 1806. | A Basintoke. | 2 livres 1\|2. |
| août 1837. | A Esnandes. | 3 livres. |
| 4 juin 1828. | A Richmond. | Plus de 3 livr. M |
| 13 décembre 1803. | A Eggenfelde. | 3 livres 1\|4. |
| 21 octobre 1844. | A Favars. | 3 livres 3\|4. |
| 4 août 1642. | A Veodbrige. | 4 livres. |
| 22 mai 1808. | A Stannern. | 4 et 5 livres. M. |
| Avril 1834. | A Kandabar. | 5 livres. |
| 2 juin 1843. | A Blawkapel. | 5 livres. |
| 7 août 1823. | Dans le Maine. | 6 livres. |
| 16 septembre 1843. | A Kleinwenden. | 7 livres. |
| 29 juillet 1818. | A Smoboldka. | 7 livres. |
| 10 août 1810. | En Irlande. | 7 livres 1\|4. |
| 12 juin 1841. | A Château-Renard. | 7 livres 1\|2 M |
| Juillet 1755. | A Terra-Nova. | 7 livres 1\|2. |
| 17me siècle. | Sur un vaisseau. | 8 livres. |
| 17 novembre 1773. | A Séna. | 9 livres 1 once. |
| 19 février 1796. | En Portugal. | 10 livres. |
| 17 juillet 1840. | A Cérésato. | 10 liv. 2 onces. M |
| 9 mai 1827. | A Drake-Kreck. | 11 livres. M |
| 5 octobre 1841. | A Bourbon-Vendée. | 11 livres. |
| 1824. | A Arenazzo. | 12 livres. M |
| 3 juillet 1753. | A Thabor. | 13 livres. M |
| 12 ou 13 mars 1811. | A Kouglinshouwsh. | 15 livres. |
| 14 septembre 1825. | Dans les îles Sandwich. | 15 livres. M |
| 26 avril 1803. | A Laigle. | 17 livres. M |
| 9 et 10 septem. 1813. | A Limerick. | 17 livres. M |
| 2 juin 1843. | A Blawkapel. | 17 livres 1\|2. M |
| 5 septembre 1814. | A Agen. | 18 livres. |
| 25 décembre 1846. | A Mindelthal. | 19 livres 1\|4. |
| 23 novembre 1810. | A Mortelle. | 20 livres. M |
| 12 mars 1798. | A Salles. | 22 livres. |
| 9 avril 1628. | A Hatford. | 24 livres. M |
| Janvier 1583. | A Rose en Livadie. | 30 livres. |
| 8 mai 1829. | Dans le cté. de Menroé. | 36 livres. |

| DATE. | LIEU DE LA CHUTE. | POIDS de l'aérolithe. |
|---|---|---|
| 12 juin 1841. | A Château-Renard. | 37 livres 1/2. M |
| 20 novembre 1768. | A Maurkircher. | 38 livres. |
| 26 juillet 1581. | En Thuringue. | 39 livres. |
| 23 novembre 1810. | A Mortelle. | 40 livres. |
| Avril 1841. | A Bissy en Chaumes. | 50 livres. |
| 4 juin 1842. | A Aumières. | 50 livres. |
| 29 novembre 1637. | Sur le mont Vaisien. | 54 livres. |
| 13 décembre 1795. | A Wold-Cottage. | 56 livres. |
| 7 juin 1706. | A Larissa. | 72 livres. |
| 1510. | A Crême. | 120 livres. M |
| 13 mars 1807. | A Fimochin. | 160 livres. |
| 14 décembre 1807. | A Weston. | 200 livres. M |
| 7 novembre 1492. | A Einsishein. | 260 livres. |
| 15 juin 1821. | A Juvénas. | 280 livres. |
| 19 ou 21 juin 1668. | A Vérone. | 2 pierres de 200 l. et 300 l. |

N. B. — Le signe (M) qui se trouve reproduit plusieurs fois dans le tableau ci-dessus, désigne les pierres qui dans leur chute ont été accompagnées d'une ou plusieurs autres. — Ces exemples de chutes multiples sont loin d'êtres rares.

La ressemblance qu'offrent à l'extérieur tous les météorites pierreux disparaît lorsque, brisant la croûte superficielle qui forme leur caractère commun, l'on met à nu leur structure intérieure ; l'on reconnaît alors que quelques-unes de ces pierres, tout en se rattachant au type principal par plusieurs traits caractéristiques, en diffèrent cependant assez pour donner lieu à des distinctions d'espèces ; de là les divisions que j'ai indiquées plus haut, dans le groupe des météorites pierreux.

L'alliage magnétique de fer et de nikel, dont la présence est facile à constater par le barreau aimanté, caractérise, tout en les rattachant aux météorites ductiles, les *pierres météoriques métallifères* : cette espèce, de beaucoup la plus abondante, admet trois variétés caractérisées par la différence de structure : la variété *granulaire*, la variété *porphyroïde* et la variété *charbonneuse.*

MÉTÉORITES PIERREUX GRANULAIRES (*Métallifères*).

La plupart des aérolithes qu'une description exacte nous a

permis de classer, appartiennent à l'espèce métallifère et à la variété granulaire. Ces pierres sont généralement composées d'une matière terreuse ou pierreuse, de couleur blanche ou grise, d'apparence compacte quoique à cassure grenue. Dans cette matière homogène qui forme la masse, on voit, disséminés, des grains ferrugineux plus ou moins abondans, quelques pyrites, et parfois de petites parcelles cristallines, de couleur claire, se détachant à peine de la masse. L'homogénéïté de la matière terreuse, la texture granulaire, la présence constante des grains magnétiques, sont les caractères distinctifs de cette espèce de météorites.

L'alliage métallique de fer et de nikel, la pâte homogène de nature pierreuse, forment les élémens minéraux essentiels auxquels se trouve toujours ou du moins presque toujours associée la pyrite ferrugineuse. Quant aux élémens accessoires, l'on n'a signalé jusqu'à ce jour que l'olivine, l'augite, la chaux phosphatée, l'albite, le labrador, la chrysolite et le fer chrômé.

L'alliage, dont nous avons fait connaître la composition dans le tableau page 81, est généralement disséminé dans la masse sous forme de petits grains et de filamens d'un blanc argentin, brillans, ductiles, s'aplatissant sans s'écraser sous le choc du marteau. En examinant ces grains au microscope, l'on reconnaît que leur structure est entièrement oolitique, et qu'ils sont composés d'une agglomération de petits grains sphéroïdaux d'une ténuité extrême.

La propriété magnétique de l'alliage ferrugineux, sa densité considérable, sa ductilité, en rendent très facile la séparation et le dosage, car il suffit, pour l'isoler, de réduire en poudre fine un fragment d'aérolithe, et de soumettre cette poudre au lavage, ou mieux à l'action du barreau aimanté.

La proportion relative des grains magnétiques n'est rien moins que constante, et certaines pierres, telles que celles de Yorkshire, de Sienne, de Bénarès, en contiennent à peine 1 ou 2 p. 100, tandis que dans l'aérolithe d'Epinal cette même proportion atteint presque le chiffre qui exprime le rapport de la partie métallique à la partie pierreuse dans quelques aérolithes ductiles.

Voici du reste quelques exemples :

| DÉSIGNATION des aérolithes. | PROPORTION des grains magnétiq. | NOMS des observateurs. |
|---|---|---|
| Aérolithe d'Epinal. | 34 p. °/o. | MM. Vauquelin. |
| » de Grenade. | 33 » | » d'Aubuisson. |
| » de Favars. | 31 » (1) | » Boisse. |
| » de Lissa. | 29,5 » | » Klaproth. |
| » d'Erxleber. | 26 » | » Stromeyer. |
| » de Plœnn (Bohêm). | 25 » | » Howard. |
| » de Kleinwenden. | 22,90 » | » Rammelsberg. |
| » du Maine (Am.). | 20 » | » Webster. |
| » de Kostritz. | 18,8 » | » Stromeyer. |
| » de Fimochin. | 17,5 » | » Klaproth. |
| » de Blansko. | 17 » | » Berzélius. |
| » de Drake-Creek. | 12 » | » Sybert. |
| » de Chât.-Renard. | 9,25 » | » Dufrénoy. |
| » d'Aumières. | 8,51 » | » Filhol. |
| » de Bénarès. | 2 » | » Howard. |
| » du Yorksbire. | 1 » | » Howard. |

Les globules métalliques sont en général fort petits et atteignent rarement le diamètre d'un millimètre; aussi leur présence ne se décèle-t-elle pas toujours au premier coup-d'œil, même dans les aérolithes où ils sont les plus abondans. Mais quelle que soit leur ténuité, on les aperçoit aisément quand on fait miroiter un échantillon au soleil, ou quand on le frotte avec un corps dur. Dans ce dernier cas, les parcelles ferrugineuses s'étendent et recouvrent la partie frottée ou rayée d'une petite plaque métallique brillante. Quand on pulvérise un morceau d'aérolithe dans un mortier, les grains métalliques s'aplatissent et s'étendent également sous le pilon, au lieu de s'écraser comme les parties pierreuses, et l'on pourrait, en soumettant la poudre ainsi obtenue au tamisage, séparer la majeure partie de ces grains, si l'on n'avait un moyen d'opérer ce triage d'une manière plus facile et plus complète, à l'aide du barreau aimanté.

Les autres minéraux qui entrent dans la composition des aérolithes granulaires sont bien moins faciles à isoler ou même à

(1) Un autre fragment de la même pierre, analysée par M. Filhol, ne lui a donné que 18,7 p. 100 de grains magnétiques.

reconnaître que l'alliage métallique, et ce n'est guère que par des opérations chimiques que l'on parvient à obtenir leur séparation ; encore cette opération n'est-elle pas toujours très complète, lorsque ces pierres contiennent plusieurs minéraux également attaquables par les réactifs employés.

Dans la méthode d'analyse généralement employée aujourd'hui, on réduit d'abord l'aérolithe en une poussière fine, et l'on enlève le fer métallique par le barreau aimanté; l'on sépare ensuite, en attaquant la poussière par un acide, la partie soluble de la partie insoluble, et l'on a ainsi trois élémens minéraux distincts que l'on analyse séparément :

1° L'alliage magnétique;

2° La partie dissoute, comprenant les pyrites et les silicates solubles;

3° Le résidu insoluble qui a résisté à l'action des acides.

C'est en opérant ainsi que MM. Berzélius, Shépart, Dufrénoy, Rammelsberg, Filhol, Berthier, Laugier, etc., sont parvenus à déterminer la composition minéralogique de quelques aérolithes pierreuses. Malheureusement les analyses faites de la sorte ne sont pas les plus nombreuses. Dans la plupart de celles que nous possédons, les élémens de la partie soluble se trouvent confondus avec ceux de la partie insoluble, et il devient alors impossible de reconstituer les minéraux composants.

Les tableaux qui suivent résument à peu près l'état de nos connaissances sur la composition élémentaire des aérolithes.

| | (1) | (2) | (3) | (4) | (5) | (6) |
|---|---|---|---|---|---|---|
| Silice. | 0,2890 | 0,3400 | 0.4100 | 0,5300 | 0.3500 | 0.5000 |
| Alumine. | 0,0322 | 0,0100 | 0,0075 | » | » | » |
| Magnésie. | 0,1920 | 0,1700 | 0,1490 | 0,0900 | 0,0430 | 0,2460 |
| Chaux. | 0,0164 | 0,0050 | 0,0200 | 0,0100 | trace | » |
| Protoxide de fer. | 0,3222 | 0,4000 | 0,4500 | 0,3600 | 0,6280 | 0,3200 |
| » de Manganèse. | » | trace | trace | » | » | » |
| » de nickel. | 0,0082 | » | » | » | 0,0050 | 0,0133 |
| » de chrôme. | 0,0070 | 0,0100 | » | » | 0,0020 | » |
| » de cobalt. | trace | » | » | » | » | » |
| » de cuivre. | » | trace | trace | » | » | » |
| Potasse. | » | » | » | » | trace | » |
| Soufre. | 0,0424 | 0,0680 | 0.0400 | 0,0200 | 0,0220 | » |
| Nickel métallique. | » | 0,0150 | 0,0100 | 0,0300 | » | » |
| Chrôme métallique. | » | » | 0,0075 | » | » | » |
| **Totaux.** | 1,0041 | 1,0180 | 1,0940 | 1,0400 | 1,1750 | 1,0813 |

(1) Aérolithe tombée au Cap de Bonne-Espérance, le 13 octobre 1838. Analysée par M. Faraday. — Cette pierre est tendre, poreuse et hygroscopique; sa densité n'est que de 2,94. Elle était molle au moment de sa chute, mais elle durcit bientôt en se refroidissant.

(2) Pierre tombée à Lypna, en Pologne, le 12 juillet 1820. Analysée par Laugier.

(3) Pierre tombée à Zaborziska, en Wolhynie, le 30 mars 1818. Analysée par Laugier.

(4) Pierre tombée à Laigle, le 26 avril 1803. Analysée par Fourcroy et Vauquelin.

(5) Pierre tombée près d'Epinal, Vosges, le 13 septembre 1822. Analysée par Vauquelin.

Cette pierre se fait remarquer par l'abondance des matières métalliques; elle contient environ 34 p. 100 de grains magnétiques, et 5,32 p. 100 de pyrites.

(6) Pierre tombée près de Wold-Cottage, dans le Yorkshire, le 13 décembre 1795. Analysée par Howard. Elle diffère essentiellement de la précédente par l'absence complète des pyrites et la faible proportion de l'alliage magnétique, qui est tout au plus de 1 p. 100. Sa densité est de 3,508.

| | (1) | (2) | (3) | (4) | (5) | (6) | (7) | (8) | (9) | (10) |
|---|---|---|---|---|---|---|---|---|---|---|
| Fer. | 0.2900 | 0,2442 | 0,2390 | 0,19246 | 0,174896 | 0,17546 | 0,1750 | 0,1490 | 0,1200 | 0.0770 |
| Nickel. | 0,0050 | 0,0158 | 0,0237 | 0,01850 | 0,013617 | 0,00982 | 0,0040 | 0.0230 | 0,01704 | 0,0155 |
| Chrôme. | » | » | » | » | » | » | » | 0,0400 | 0,00584 | » |
| Cuivre. | » | » | 0,0005 | trace | » | » | » | » | » | » |
| Etain. | » | » | 0,0008 | » | » | » | » | » | » | » |
| Soufre. | 0,0350 | 0,0295 | 0,0209 | 0,03439 | 0,026957 | 0,06779 | 0,0300 | 0,1830 | 0,02433 | 0,0039 |
| Phosphore. | » | » | 0,0002 | » | » | » | » | » | » | » |
| Silice. | 0,4300 | 0,3632 | 0,3303 | 0,26500 | 0,380574 | 0,32222 | 0,3800 | 0,2950 | 0,4000 | 0,3013 |
| Alumine. | » | 0,0160 | 0,0375 | 0,06781 | 0,034688 | 0,05547 | 0,0100 | 0,0470 | 0,02466 | 0,0382 |
| Magnésie. | 0,2200 | 0,2338 | 0,2364 | 0,13997 | 0,299306 | 0,15721 | 0,1425 | 0,2480 | 0,23833 | 0,3813 |
| Chaux. | 0,0050 | 0,0193 | 0,0283 | » | » | 0,00955 | 0,0075 | traces | » | 0,0014 |
| Protoxide de fer. | » | 0,0538 | 0,0690 | 0,21253 | 0,048959 | 0,19451 | 0,2500 | » | 0,1230 | 0,2944 |
| » de manganèse. | 0,0025 | 0,0071 | 0,0007 | trace | 0,011467 | » | » | » | » | trace |
| » de nickel. | » | » | » | » | » | » | » | « | » | » |
| » de chrôme. | » | 0,0025 | 0,0062 | » | 0,001298 | » | » | » | » | » |
| Potasse. | » | » | 0,0038 | 0,00377 | » | 0,00298 | » | » | » | 0.0027 |
| Soude. | » | 0,0074 | 0,0028 | 0,018216 | » | » | » | » | » | 0,0086 |
| Totaux. | 0,9875 | 0,9470 | 1,0001 | 0,98549 | 0,991762 | 0,99501 | 0,9990 | 0,9850 | 0,93320 | 1,1243 |

(1) Pierre tombée à Lissa, en Bohême, le 3 septembre 1808. Analysée par Klaproth.

(2) Pierre tombée à Erxleben, le 15 avril 1812. Analysée par Stromeyer.

(3) Pierre tombée à Kleinwenden, le 16 septembre 1843. Analysée par M. Rammelsberg.

La masse est grise, très chargée de grains magnétiques. L'on y distingue à la loupe des grains de péridot et des cristaux d'augite. Densité : 3,7.

(4) Pierre tombée à Favars, Aveyron, le 21 octobre 1844. Analysée par M. Filhol. Densité, 3,55.

(5) Pierre tombée à Kostritz, en Russie, le 13 octobre 1820. Analysée par Stromeyer.

(6) Pierre tombée à Aumières, Lozère, le 4 juin 1842. Analysée par M. Filhol. Densité : 3,82.

(7) Pierre tombée à Fimochim, province de Smolensk, le 13 mars 1807. Analysée par Klaproth.

(8) Pierre tombée dans le Maine, Etats-Unis, le 7 août 1823. Analysée par Webster.

Cette pierre se distingue de la plupart des autres pierres de même nature par son aspect, qui rappelle celui d'un tuf volcanique. Elle n'est point magnétique, malgré la forte proportion de fer métallique qu'elle contient. Densité : 2,50.

(9) Pierre tombée à Drake-Creek, Etat de Tennésée, le 9 mai 1827. Analysée par M. Sybert. Densité : 3,485.

(10) Pierre tombée à Château-Renard, le 12 juin 1841. Analysée par M. Dufrénoy.

| | (1) | (2) | (3) | (4) | (5) |
|---|---|---|---|---|---|
| Silice | 0,480 | 0,45094 | 0,466 | 0,48 | 0,5960 |
| Alumine. | » | 0,02959 | » | » | 0,0020 |
| Magnésie. | 0,180 | 0,28993 | 0,226 | 0,13 | 0,1040 |
| Chaux. | » | 0,00153 | » | » | 0,0180 |
| Protoxide de fer. | 0,445 | 9,17663 | 0,346 | 0,38 | 0,2460 |
| » de nickel. | 0,023 | 0,00243 | 0,020 | 0,06 | 0,0320 |
| » de manganèse. | » | 0,00595 | » | » | » |
| Potasse. | » | 0,00006 | » | » | » |
| Soude. | » | 0,00894 | » | » | » |
| Soufre. | » | 0,00389 | » | » | 0,0508 |
| Chrômate de fer. | » | 0,00761 | » | » | » |
| Totaux. | 1,128 | 0,97750 | 1,058 | 1,17 | 1,0288 |

(1) Partie pierreuse de l'aérolithe tombée à Plœnn, le 3 juillet 1753. Analysée par Howard. Densité : 4,28.

(2) Partie pierreuse de l'aérolithe tombée à Blansko, le 15 novembre 1835. Analysée par M. Berzélius.

(3) Partie pierreuse de l'aérolithe tombée à Sienne ; le 16 juin 1794. Analysée par Howard. Densité : 3,418.

(4) Partie pierreuse de l'aréolithe tombée à Bénarès, le 19 décembre 1798. Analysée par Howard. Densité : 3,52.

(5) Partie pierreuse de l'Aréolithe tombée dans l'Etat de Maryland. Analysée par G. Chilton. Densité : 3,66.

Ce n'est pas sans intention et au hasard que j'ai groupé les analyses qui précèdent dans trois tableaux distincts et séparés. Ces analyses n'ont pas toutes à nos yeux la même portée : les unes, faites sans triage préalable et sans tenir compte de l'état de combinaison des élémens constituans, ne peuvent servir qu'à nous faire connaître la composition élémentaire des aérolithes, sans nous donner aucune idée de la constitution minérale de ces pierres ; elles forment le Tableau N° 1.

D'autres, quoique faites aussi sur la masse entière des aérolithes, sans triage mécanique préalable, nous font connaître séparément la proportion du fer et du nikel qui se trouvent à l'état métallique; ces analyses nous permettent de diviser, par la pensée, la matière des aérolithes en deux parties : l'une métallifère, comprenant l'alliage magnétique et les pyrites ;

l'autre, pierreuse, comprenant les divers silicates; elles peuvent nous donner ainsi une idée plus avancée sur la composition minérale des pierres météoriques. Je les ai réunies dans le Tableau N° 2.

Enfin, une 3e série d'analyses, formant le Tableau N° 3, fait connaître la composition de la partie pierreuse de quelques aérolithes granulaires, isolée par un triage et analysée séparément. La composition de la partie magnétique des mêmes aérolithes ayant été déjà donnée dans le Tableau de la page 81, je n'ai pas cru devoir la reproduire ici, afin d'éviter un double emploi.

Comme on le voit, les analyses que j'ai données plus haut sont groupées, non d'après le plus ou moins d'analogie qui peut exister entre les pierres auxquelles elles se rapportent, mais d'après le degré de lumière qu'elles peuvent répandre sur le sujet qui nous occupe.

Leur ensemble peut nous fournir une idée exacte de la composition élémentaire ; mais les données qu'elles contiennent sont insuffisantes pour nous faire reconnaître les divers groupemens que les élémens constituans peuvent former entre eux, et pour nous permettre d'apprécier les rapports qui peuvent exister entre ces groupemens et les minéraux connus. Aussi, pour arriver à une connaissance plus exacte de la composition minéralogique, a-t-on reconnu la nécessité d'isoler autant que possible les uns des autres, soit par le triage mécanique, soit par l'action des agens chimiques, les élémens minéraux, afin de les analyser séparément.

J'ai indiqué plus haut, page 88, la méthode d'analyse aujourd'hui généralement adoptée ; c'est en combinant les résultats des analyses ainsi faites avec les données fournies par l'étude minéralogique, que l'on a pu arriver à reconnaître et a classer quelques-uns des minéraux qui entrent dans la composition dss aérolithes granulaires métallifères.

Je vais citer un petit nombre d'exemples.

—

1° *Aérolithe de Kleinwenden.* — M. Rammelsberg, à qui nous devons l'analyse élémentaire de l'aérolithe de Kleinwenden ( voir page 90, Tableau N° 2 ), a fait connaître aussi dans les *Annales de Poggendorf*, 1844, N° 8, la composition minéralogique de cette pierre, l'une des plus remarquables, à cause du grand nombre d'espèces minérales reconnues.

Voici la marche qui a été suivie dans l'analyse : un premier départ, à l'aide du barreau aimanté, a séparé la partie magnétique; le résidu de ce triage a été attaqué par l'acide hydrochlorique, et la partie non dissoute par cet acide a été traitée à son tour par l'acide hydrofluorique, lequel a laissé encore un petit résidu composé de fer chrômé. L'on a ainsi divisé la matière météorique en quatre parties distinctes : 1° La partie magnétique ; 2° la dissolution hydrochlorique ; 3° la dissolution hydrofluorique ; 4° le résidu insoluble.

Nous avons fait connaître la nature et la proportion des élémens composans ; quant à leur mode de groupement, le voici tel que l'a donné M. Rammelsberg :

| | |
|---|---|
| Nikel ferrugineux, contenant neuf équivalens de fer pour un de nikel, et ayant une densité de 7,513. | 22,904 |
| Fer chrômé | 1,040 |
| Sulfure de fer magnétique | 5,615 |
| Olivine, soluble en grande partie dans l'acide hydrochlorique | 38,014 |
| Labrador | 12,732 |
| Augite | 19,704 |
| Total | 100,009 |

Trois de ces élémens minéraux, le *nikel ferrugineux*, des grains d'*olivine* et de petits cristaux de *pyroxène augite*, peuvent être distingués à la loupe ; mais leur ténuité ne permettrait pas d'arriver avec certitude à la classification minéralogique sans le secours de l'analyse.

---

2° *Aérolithe de Château-Renard.* — M. Dufrénoy a donné, dans les *Comptes-rendus de l'Académie des Sciences*, t. XIII, l'analyse que nous avons reproduite dans le Tableau de la page 90, 10e colonne. L'opération, conduite comme nous l'avons indiqué par voie de division, lui a fait admettre pour la composition minérale de cette aérolithe les résultats suivans :

| | |
|---|---|
| Alliage de fer et de nikel.................... | 9,25 |
| Pyrite magnétique........................ | 0,67 |
| Péridot à fer soluble dans les acides........... | 51,62 |
| Substance insoluble dans les acides et ne se rapportant à aucun minéral connu.................... | 38,17 |
| Total......... | 99,71 |

Cette partie insoluble est composée de :

| | | Oxigène. |
|---|---|---|
| Silice.............. | 51,77 ......... | 27,92 |
| Alumine............ | 10,22 ......... | 4,77 |
| Protoxide de fer...... | 17,51 ......... | 3,98 |
| Magnésie........... | 18,33 ......... | 7,09 |
| Chaux............. | 0,47 | |
| Potasse............ | 6,68 | |
| Soude.............. | 2,30 | |

Considérée comme une matière homogène, qui ne contiendrait qu'un seul élément minéral, cette substance n'a point d'analogue parmi les minéraux connus; mais ne pourrait-on pas y voir un mélange de deux substances ? L'une, analogue au péridot, comprendrait le protoxide de fer, la magnésie et une partie de la silice; l'autre, de la famille des feld-spath, comprendrait le reste de la silice, l'alumine et les bases alcalines. Cette hypothèse trouverait un appui dans cette observation, recueillie par plusieurs chimistes, que le péridot des aérolithes est ***soluble, mais seulement en partie dans les acides.***

—

3° ***Aérolithe de Favars.*** — L'analyse de l'aérolithe de Favars, dont nous devons la communication à M. Filhol, montre une grande ressemblance de composition entre la partie insoluble de cette pierre et la partie analogue de l'aérolithe de Château-Renard.

Il suffira, pour s'en convaincre, de comparer l'analyse suivante à celle que nous venons de citer tout-à-l'heure.

*Partie insoluble de l'aérolithe de Favars.*

| | | Oxigène. | |
|---|---|---|---|
| Silice......... | 0,4805 | .......... 0,2478 | |
| Alumine....... | 0,1449 | .......... 0,0653 | 0,1669 |
| Magnésie...... | 0,1879 | .......... 0,0696 | |
| Protoxide de fer. | 0,1409 | .......... 0,0218 | |
| Potasse........ | 0,00806 | .......... 0,0102 | |
| Soude........ | 0,0389 | .......... | |
| | 1,0011 | | |

Si nous reproduisons ici l'hypothèse que nous avons faite au sujet du météorite de Château-Renard, nous trouverons que les élémens peuvent se grouper de manière à former deux silicates à proportions définies, dont l'un, analogue au péridot, contiendrait la même quantité d'oxigène dans l'acide et dans les bases, tandis que dans le second, qni constituerait un silicate alumineux, alcalin, nouveau, le rapport de l'oxigène de l'acide à l'oxigène des bases, serait comme 2 : 1.

Voici du reste quelles seraient la composition et la proportion relative de ces deux silicates :

1° Péridot.... 0,5093 composé de :

| | | Oxigène. | |
|---|---|---|---|
| Silice.. | 0,1805 | .. 0,092 | |
| Magnés. | 0,1879 | .. 0,0696 | 0,0914 |
| P. de fer. | 0,1409 | .. 0,0218 | |

2° Bisil. alum. 0,3918 composé de :

| | | | |
|---|---|---|---|
| Silice.. | 0,3000 | .. 0,1558 | |
| Alum.. | 0,1449 | .. 0,0653 | 0,0755 |
| Potasse / Soude. | 0,0469 | .. 0,0102 | |

1,0011 1,0011

La partie soluble de la même pierre tombée à Favars, offre une composition non moins remarquable.

Elle contient :

| | | Oxigène. | |
|---|---|---|---|
| Silice.......... | 0,1197 | .......... 0,5656 | |
| Magnésie....... | 0,1541 | .......... 0,0416 | 10,41 |
| Protoxide de fer.. | 0,4300 | .......... 0,9790 | |
| — de nikel. | 0,0958 | .......... 0,0206 | |

contenus dans ces tableaux fussent bien comparables, pour qu'ils pussent nous donner une idée bien exacte de l'importance relative de chaque élément dans la composition de chaque espèce, il faudrait que toutes les fractions qui expriment ce degré d'importance fussent réduites au même dénominateur; en d'autres termes, il faudrait que nous eussions pu réunir pour chacune des espèces le même nombre d'analyses, ce que ne nous a point permis la rareté des aérolithes appartenant à plusieurs de ces espèces.

Le mode de groupement et de combinaison des élémens simples ou composés, que nous avons signalés, ne peut être souvent bien déterminé, vu la difficulté d'isoler les uns des autres les élémens minéraux composans. L'on est cependant parvenu à reconnaître certains de ces élémens, dont les uns sont analogues à des minéraux terrestres, dont les autres constituent des espèces nouvelles sans analogues connus.

Les espèces minérales signalées jusqu'à ce jour dans les météorites sont :

| *Substances analogues aux minéraux terrestres.* | *Minéraux sans analogues connus.* |
|---|---|
| Péridot. | Alliage de fer et de nikel. |
| Pyrite magnétique. | Divers silicates. |
| Pyroxène augite. | |
| Labrador. | |
| Albite. | |
| Anorthite? | |
| Phosphate de chaux. | |
| Plusieurs sulfates métalliques. | |
| Fer chrômé. | |
| Graphite. | |

Parmi ces élémens, les uns semblent former partie essentielle, souvent dominante, de la plupart des aérolithes; les autres, au contraire, ne se trouvent que dans un petit nombre de pierres et presque toujours en très faible proportion. Les sulfates métalliques n'ont été signalés que dans l'aérolithe d'Alais, et le phosphate de chaux dans l'aérolithe de Richmond.

Les minéraux les plus essentiels, ceux qui caractérisent surtout les aérolithes, ceux dont l'abondance variable d'un groupe à l'autre paraît influer le plus sur les caractères distinctifs de ces divers groupes, sont :

L'alliage de fer et de Nikel.

La pyrite ferrugineuse.

Les silicates non alumineux, parmi lesquels on distingue surtout le péridot et plus rarement le pyroxène.

Enfin les silicates alumineux avec ou sans alcalis (1).

Le tableau ci-contre, dans lequel j'ai représenté par des courbes proportionnelles l'abondance progressive ou décroissante de ces minéraux, nous permettra d'apprécier le rôle que joue chacun d'eux dans la composition des divers groupes que nous avons distingués.

Sur trente-un aérolithes d'origine bien authentique qu'il nous a été donné d'examiner, nous avons trouvé :

| | | | |
|---|---|---|---|
| Météorite ferrugineux | | compacte | 1 |
| Id. | | cellulaire | 1 |
| Météorite pierreux | métallifère | granulaire | 21 |
| Id. | Id. | porphyroïde | 1 |
| Id. | Id. | charbonneux | 1 |
| Météorite pierreux | non métallifère | granitoïde | 3 |
| Id. | Id. | compacte ou gren. | 3 |
| | | | 31 |

C'est d'après ces nombres relatifs que j'ai déterminé l'éten-

(1) Dans son Traité de Minéralogie récemment publié, M. Dufrénoy a le premier, si je ne me trompe, établi dans les aérolithes pierreuses une division basée sur la présence ou l'absence de l'alumine.

Les pierres dans lesquelles cet élément existe contenant des silicates alumineux de l'ordre du feld-spath, tandis que celles qui en sont dépourvues sont essentiellement composées de silicates magnésiens analogues au péridot et au pyroxène, il en résulte que les pierres météoriques, comme les roches qui constituent la terre, nous offriraient deux groupes distincts, correspondans aux roches granitoïdes et aux roches volcaniques.

due proportionnelle consacrée dans le tableau ci-dessus à chaque espèce et à chaque variété.

La richesse en fer métallique a été déterminée pour chaque échantillon avec exactitude, et s'il nous était permis d'étendre à toute la série des pierres météoriques les conclusions qui peuvent s'appliquer aux trente-un échantillons dont notre tableau résume la composition minérale, la forme de la courbe proportionnelle N° 1 nous donnerait une idée bien précise de la marche décroissante de cet élément, considéré à bon droit comme le plus caractéristique; quant aux autres courbes, il ne nous a pas été possible de les tracer avec la même précision, et nous avons dû nous borner à fixer quelques points de repère bien certains; nous croyons néanmoins que ces courbes approchent assez de la vérité, pour pouvoir adopter les conclusions suivantes, auxquelles nous conduit leur examen :

1° L'alliage magnétique se trouve dans toutes les variétés des météorites ductiles et pierreux métallifères; sa proportion varie entre 100 p. 100 et 60 environ p. 100 dans les météorites ductiles; entre 40 et 0 p. 100 dans les météorites pierreux; nous ne connaissons que six aérolithes dépourvues de cet élément.

2° La pyrite ferrugineuse se trouve dans toutes les variétés, si ce n'est dans la variété grenue ou compacte non métallifère; sa proportion, généralement assez faible dans les fers météoriques, s'élève dans les météorites pierreux granulaires jusqu'au chiffre de 16 à 20 p. 100, et même, dans un seul cas, il est vrai, jusqu'à 32 p. 100.

3° Les silicates non alumineux, parmi lesquels le péridot domine beaucoup, forment le premier élément pierreux qui se trouve associé à l'alliage métallique; ils se montrent d'ailleurs dans toutes les variétés, si ce n'est dans les météorites ductiles compactes; leur proportion s'élève jusqu'à 35 p. 100 dans les météorites ductiles cellulaires, et jusqu'à 51 p. 100 dans les météorites granulaires métallifères. Cette proportion semble suivre d'ailleurs, dans les météorites pierreux, une marche décroissante, à peu près parallèle à celle de l'élément métallique.

4° Les silicates alumineux n'ont encore été signalés dans aucun météorite ductile; mais ils se montrent associés aux silicates non alumineux dans presque toutes les variétés pierreuses. Leur présence est moins constante et leur proportion généralement bien moindre que celle des silicates non alumineux à base de magnésie, de chaux, de protoxide de fer... Il semble d'ailleurs que cette proportion augmente en raison inverse de celle des élémens métalliques et du péridot, sans qu'on puisse toutefois observer rien de régulier dans la loi de cet accroissement.

—

IV$^{e}$ GROUPE.

## MATIÈRES MÉTÉORIQUES

### *Pulvérulentes ou molles.*

Pour compléter nos recherches sur la composition des matières météoriques, il nous resterait à étudier les poussières et les matières visqueuses, dont nous avons donné l'énumération page 55 et suivantes. Malheureusement les données que nous pourrions réunir sur ce sujet sont bien incomplètes.

La difficulté de distinguer les poussières réellement météoriques des poussières d'origine terrestre; la rareté des analyses que nous possédons, et l'incertitude qui règne sur l'origine vraie des matières pulvérulentes ou visqueuses, objet de ce petit nombre d'analyses; enfin le désir de ne rien enlever par la citation de faits douteux à la certitude de nos conclusions...., tout nous commande dans cette étude la plus grande réserve. Aussi, sans vouloir établir une comparaison entre la composition de ces matières et celle des aérolithes proprement dites, nous nous bornerons à une énumération sommaire des élémens dont l'analyse a fait reconnaître la présence dans quelques substances pulvérulentes ou visqueuses présumées météoriques.

La matière visqueuse, recueillie en Lusace, en 1796, après la chute d'un globe enflammé, était principalement composée, d'après Chladni, de soufre et de carbone. Cette matière ressemblait à un vernis bleuâtre.

M. Vauquelin a trouvé dans le résidu terreux, qui colorait la neige rouge du 14 mars 1813, de la silice, de l'alumine, de la chaux carbonatée, du fer, du titane et une assez forte proportion de matière organique.

La pluie rouge du 2 au 5 novembre 1819 devait, suivant MM. Meyer et Stoop, sa coloration à du muriate de cobalt, dont ces chimistes ont constaté la présence dans le résidu laissé par la pluie.

M. Zimmernam a trouvé, dans le sédiment déposé par la pluie rouge du 3 mai 1821, de la silice, de l'oxide de fer, du chrôme, de la chaux, du carbone, une trace de magnésie et des parties volatiles.

Les taches rouges ou brunes laissées par la pluie du 1er octobre 1829 à Orléans, à Versailles et dans divers autres lieux, étaient composées, suivant M. Fougeron, de silice, fer, chaux, alumine et acide carbonique.

La matière colorante de la pluie rouge qui tomba à Sienne, le 16 mai 1830, était composée, d'après M. le professeur Giuli, de Carbonate de fer, manganèse, carbonate de chaux, silice et alumine.

Enfin, M. Théodore de Grotthus a trouvé que la matière noire membraneuse et friable, tombée en Courlande le 31 janvier 1686, contenait de la silice, du fer, de la chaux, du carbone, de la magnésie et une trace de chrôme et de soufre.

Quoique différant de la plupart des aérolithes par la rareté de la magnésie et par l'absence complète du nikel, les matières auxquelles se rapportent les analyses précédentes offrent cependant avec ces pierres certains rapports de composition dont on ne peut s'empêcher d'être frappé.

Toutefois, si la présence assez constante de l'oxide de fer, de la silice, de l'alumine, du carbone dans ces matières; si la propriété magnétique de la poussière tombée dans la mer Adriatique en 1737; si l'existence du cobalt constatée dans la pluie rouge de Blankenberg semblent donner quelque appui à cette opinion, que les poussières météoriques ne sont autre chose que la matière des aérolithes dans un état de désagrégation, nous devons reconnaître que cette analogie de la matière composante ne saurait ressortir comme conséquence des analyses faites sur les matières pulvérulentes, qu'autant qu'il serait bien démontré que les matières soumises à l'analyse sont bien réellement d'origine météorique. Cette origine, il est vrai, ne saurait être douteuse pour la poussière qui accompagnait la pluie de pierres du

14 mars 1813, et la composition de cette poussière, presque identique avec celle de la plupart des matières que nous avons déjà citées, semble établir un rapport incontestable entre ces matières et les aérolithes proprement dites (1).

Nous avons vu comment tous les météorites solides se rattachent les uns aux autres pour former une série continue, dans les termes de laquelle, quelques disparates qu'ils puissent paraître au premier abord, se retrouve toujours une analogie remarquable de composition, cachet commun d'une commune origine.

Ne serait-il point possible de faire rentrer dans cette série les matières météoriques pulvérulentes ou molles ? Il serait imprudent, sans doute, d'émettre une opinion avant que des observations plus complètes aient jeté quelques lumières sur un sujet encore si obscur ; le plus sage serait, peut-être, de s'abstenir de tout rapprochement ; néanmoins, il est une réflexion qui me frappe, et que je ne puis me défendre de reproduire ici.

Si nous avons pu, par une suite non interrompue de modifications à peine sensibles, passer d'une matière compacte ou cristalline à une matière pierreuse ou terreuse, complètement dépourvue de métal, est-il plus difficile de concevoir que l'on puisse passer, par une gradation semblable, de cette dernière matière friable, peu cohérente, à une matière composée des mêmes élémens, mais entièrement dépourvue de cohésion ? Je ne sais ; mais quand l'on considère les caractères communs qui rattachent les matières dont il s'agit à certaines pierres météoriques, et notamment à celles qui, dépourvues de fer métallique et de nikel, forment le dernier groupe, il me semble difficile de ne pas conclure qu'il y a moins loin des poussières météoriques aux aérolithes peu cohérentes et non métallifères de Chantonnay, de Chassigny et de Lontala, des poussières charbonneuses, tombées en Courlande (1686) et dans les Etats-Unis

(1) Sementini a trouvé dans la poussière tombée en Calabre avec les pierres météorites de la silice, de l'alumine, du fer, du chrôme, de la chaux et du carbone. Il ne paraît avoir cherché ni la magnésie ni le nikel.

(1819), à l'aérolithe charbonneuse et friable d'Alais que de celles ci au fer météorique d'Agram et d'Elbogen.

Du reste, j'ai hâte de le dire, un tel rapprochement, pour avoir quelque autorité, devrait s'appuyer sur des observations plus exactes, plus authentiques que celles que nous possédons, et nous ne saurions lui attribuer d'autre valeur que celle d'une simple hypothèse jusqu'au moment ou des *analyses exactes*, faites sur des matières pulvérulentes ou molles, *d'une origine météorique bien certaine*, viennent justifier cet aperçu ou le condamner.

# CHAPITRE III.

## RECHERCHES

### SUR L'ORIGINE DES AÉROLITHES.

De nombreux systèmes ont été proposés pour expliquer l'origine et la chute des aérolithes : plusieurs, ne s'appuyant sur aucun fait positif, sur aucune expérience de laquelle on puisse tirer une induction qui leur soit favorable, ont été abandonnés presque aussitôt qu'émis. Je laisserai de côté ces hypothèses, dont l'imagination a seule fait les frais, hypothèses depuis longtemps condamnées par la science, pour m'occuper exclusivement de celles auxquelles l'observation de quelques faits particuliers semble pouvoir donner un certain degré de vraisemblance (1).

Vouloir arriver à une explication complète et certaine d'un phénomène resté inexplicable jusqu'à ce jour, serait une entreprise téméraire qui est bien loin de ma pensée; mais dans l'étude d'un problème dont on a proposé tant de solutions, c'est en écartant une à une les solutions erronées ou impossibles que l'on

(1) On trouve dans le mémoire de Chladni, intitulé : *Réflexions sur l'origine de plusieurs masses de fer natif*, la réfutation de diverses théories que j'ai cru pouvoir me dispenser de mentionner ici.

peut arriver, par voie d'élimination, à la connaissance de la vérité, et tel est le but utile de la discussion qui fait l'objet de ce dernier chapitre.

Parmi les hypothèses proposées, nous en distinguerons six, dont chacune sera l'objet d'un examen particulier.

Les deux premières placent le point de départ des aérolithes sur la terre elle-même ou dans notre atmosphère, et voient dans ces météores ou des pierres rejetées par les volcans ou le produit de la condensation de vapeurs tenues en suspension dans l'air.

La troisième hypothèse regarde les aérolithes comme des déjections de volcans lunaires.

La quatrième, comme des fragmens arrachés à un satellite cométaire de notre planète.

La cinquième, réunissant dans une même classe de phénomènes météorologiques les aérolithes, les bolides et les étoiles filantes, considère tous ces météores comme produits par le passage dans l'atmosphère terrestre, de petits astérolites ou de petites masses de matières disséminées dans l'espace et se mouvant en sens divers.

D'après la sixième hypothèse enfin, les météorolithes seraient les fragmens d'un corps planétaire ou cométaire, brisé par la rencontre de la terre ou de toute autre planète, et dont les débris dispersés et projetés en sens divers par la violence du choc continueraient à se mouvoir dans l'espace, jusqu'à ce qu'arrivant dans la sphère d'attraction de la terre ils soient attirés à elle et se précipitent à sa surface.

J'examinerai chacun de ces systèmes dans l'ordre de leur énumération; mais avant de procéder à cet examen, il ne sera point inutile de rappeler d'une manière succincte les principales circonstances qui signalent habituellement la chute des pierres, et d'établir quelques faits généraux dont la connaissance nous sera plus tard d'un grand secours dans la discussion théorique.

Je n'insisterai point sur les phénomènes purement atmosphériques, sur ceux qui sont le résultat du passage des pierres dans l'air. Quelle que soit l'origine des aérolithes, qu'elles aient leur source dans l'atmosphère ou hors de ses limites, leur mouvement rapide à travers un milieu fluide, résistant et oxigéné, explique suffisamment les circonstances physiques qui signalent leur chute, comme le bruit, la production de lumière, l'apparition des globes ignés, leur scintillation, la traînée lumineuse que ces globes laissent après eux (1), leur explosion, leur chute ou la dispersion de leurs débris, la chaleur et parfois le ramollissement des pierres tombées, l'apparence brûlée de leur surface, la formation de la croûte oxigénée et scoriforme qui les enveloppe, l'odeur sulfureuse qu'elles répandent.

Tous ces phénomènes, dans la reproduction desquels de nombreux récits nous attestent la plus invariable uniformité, tous ces phénomènes, je le répète, résultat immédiat et nécessaire de l'action de l'air sur les pierres météoriques, sont complètement indépendants de l'origine de ces pierres: aussi quel que soit l'intérêt qu'ils peuvent offrir au point de vue météorologique, ils ne sauraient avoir qu'une importance bien secondaire dans la question qui nous occupe ; mais ce qu'il nous importe de bien établir, ce sont les circonstances indépendantes de l'influence atmosphérique ; ce sont les phénomènes qui peuvent se trouver en relation plus ou moins directe avec l'état originaire des aérolithes, avec la force initiale qui les porte vers nous ; ce sont, en un mot, les faits qui peuvent nous conduire à reconnaître si ces pierres ont une origine terrestre, si la source d'où elles émanent, sans appartenir à notre globe ou à notre atmosphère, est cependant liée à notre système planétaire ; si cette source est dans un état d'activité constant ou périodique ; s'il existe des lois de relation entre la chute des pierres et les circonstances de temps, de lieux, l'état du ciel, les saisons, les climats, la position astronomique de la terre, etc.

Pour procéder avec ordre et éviter toute confusion dans l'étude de ces faits, je comparerai successivement les aérolithes observées,

1° Sous le rapport des conditions de mouvement ;

(1) Les corps volatilisables tels que le soufre, renfermés dans la plupart des aérolithes, jouent probablement un rôle important, soit dans la formation de la traînée lumineuse, soit dans la production de la force explosive.

2° Au point de vue des conditions de temps, et au point de vue des circonstances géographiques et climatologiques.

—

### 1° *Conditions de mouvement observées dans les chutes d'aérolithe.*

Presque toutes les relations que nous avons pu consulter, relativement aux chutes des pierres atmosphériques, sont remplies de détails précis, souvent diffus, sur l'apparition lumineuse, sur le bruit qui accompagne la chute. Ces relations nous montrent les aérolithes faisant leur apparition dans notre atmosphère sous l'apparence d'un corps lumineux ou même incandescent, de forme le plus souvent sphéroïdale, mais parfois aussi allongée et plus ou moins irrégulière. L'éclat éblouissant de ces corps, la lumière qu'ils répandent au loin, lumière habituellement blanche, mais quelquefois colorée de nuances rougeâtres ou bleuâtres, dont le ton et l'intensité varient suivant les diverses phases de l'apparition, les étincelles que projette le météore, le sillon lumineux qu'il laisse après lui et qui marque pendant quelques instans la trace de son passage, l'explosion semblable à celle d'une fusée d'artifice, la pluie d'étincelles qui suit l'explosion, le bruit sourd et roulant comme celui qui accompagne les tremblemens de terre, ou éclatant en une série plus ou moins prolongée de détonnations violentes, le bruissement du projectile qui siffle dans l'air, le tintement du choc, etc., etc., tout cela se trouve fidèlement, minutieusement décrit; mais par un fâcheux contraste, nous ne trouvons dans ces relations (à un très petit nombre d'exceptions près) aucune indication concernant la durée, la hauteur de l'apparition ignée, la direction, la forme de la trajectoire que parcourt le météore, la vitesse de son mouvement...., comme si les circonstances accessoires, dont la plupart, il est vrai, frappent plus vivement l'imagination, avaient le privilége d'appeler exclusivement à elles l'attention des observateurs au préjudice de circonstances moins apparentes, sans doute, mais bien autrement essentielles.

Nous ne possédons, que je sache, aucune mesure précise, aucun calcul de parallaxe relatif à une chute d'aérolithe bien constatée ; mais si de pareilles observations n'ont été faites sur aucun météore dont les produits matériels, dont les fragmens pierreux aient été recueillis, elles ont été plusieurs fois effectuées sur des bolides, que tout nous porte à considérer, avec Chladni et la plupart des physiciens, comme des météores de même nature (1), et ces observations ont fait reconnaître que l'apparition du météore igné se manifeste à des hauteurs variables dont le chiffre atteint et dépasse même parfois la limite que l'on assigne généralement à notre atmosphère (2). Ainsi, pour citer un petit nombre d'exemples, le bolide observé à Genève, le 8 mars 1798, se trouvait, d'après M. Prévost, à une hauteur de, *au moins*, deux lieues et demie. — Les calculs de Halley ont donné pour le bolide de mars 1719, une hauteur de 24 lieues ; enfin, M. Petit a calculé que le météore du 9 juin 1841 se trouvait au moment de son plus vif éclat, à environ 50 lieues de la surface de la terre, hauteur égale à celle que les observations calculées de Brandes et de Benzemberg ont assigné à quelques étoiles filantes.

(1) Les bolides, comme chacun le sait, présentent dans leur apparition les mêmes phénomènes météorologiques que les aérolithes, c'est la même apparence lumineuse, le même aspect du météore igné : bruit, explosion, tout est pareil ; le produit matériel manque seul pour établir une identité complète. Mais de ce qu'après l'explosion d'un bolide, l'on n'a pas recueilli la matière qui le composait, de ce que l'on n'a pas reconnu la trace de sa chute, peut-on conclure que cette matière n'est réellement pas tombée ? Si l'on pense au degré de ténuité extrême que peuvent atteindre les éclats des aérolithes, aux circonstances nombreuses qui peuvent dissimuler leur chute, à l'étendue considérable des mers, des lacs, des lieux inaccessibles ou inhabités où ces pierres peuvent se perdre, sans qu'il soit possible d'en retrouver la trace, ou reconnaître qu'une telle conclusion ne saurait être admise, et que vouloir la soutenir serait tout aussi peu raisonnable que de prétendre qu'une arme, dont on aurait entendu l'explosion, ne contenait point de projectile ; par cela seul que l'on n'aurait pu parvenir à retrouver celui-ci, en supposant d'ailleurs à l'arme une portée indéfinie, et au projectile un degré de ténuité qui peut atteindre les dernières limites.

(2) Les évaluations les plus récentes, et notamment les calculs de M. Biot (mémoire présenté à l'académie des sciences, 5 août 1839) placent, si je ne me trompe, la limite supérieure de l'atmosphère, à une hauteur d'environ 45 ou 50.000 mètres.

Bien que nous ne puissions citer aucune évaluation aussi précise, relativement à la hauteur à laquelle apparaissent les aérolithes, nous trouvons néanmoins, dans quelques récits, des données suffisantes pour nous permettre de conclure avec certitude que cette hauteur est souvent très considérable pour les aérolithes comme pour les bolides. Comment expliquer, en effet, sans admettre que l'apparition lumineuse et l'explosion ont lieu à une grande hauteur; comment expliquer, dis-je, l'intervalle de temps souvent assez long qui s'écoule entre l'apparition du météore et la perception du bruit, entre l'explosion de l'aérolithe et la chute de ses fragmens? Comment expliquer l'observation simultanée du même phénomène dans des points fort éloignés les uns des autres, la dispersion des éclats sur une étendue considérable? Le météore du 10 avril 1812 fut visible, suivant M. d'Aubuisson, pendant près de deux minutes, et à une distance de plusieurs lieues. Il s'écoula un temps à peu près égal entre le commencement de l'apparition et la perception du bruit, qui fut entendu à plus de 80 kilomètres de distance. Les éclats nombreux de l'aérolithe furent dispersés sur une étendue d'environ 160 kilomètres carrés, et il s'écoula jusqu'à 75 secondes entre la chute de deux fragmens recueillis dans le même lieu.

La grande chute de pierres qui eut lieu le 24 juillet 1790 fut signalée par un globe lumineux, visible dans tout le midi de la France.

L'aérolithe du 4 juin 1842 fut aperçue à plus de 50 lieues du point où s'effectua sa chute. La vive lueur qu'elle répandait dura près d'une minute.

L'aérolithe de Weston fut visible pendant environ trente secondes, et ce ne fut que plus d'une minute après son apparition que l'explosion se fit entendre. Les fragmens qui pesaient jusqu'à 200 livres furent répandus sur une longueur de 3 lieues à 3 lieues 1/2.

La pluie de pierres de Céara (décembre 1836) couvrit une étendue de plus de 10 lieues.

Celle de Laigle se répandit sur une longueur de 2 lieues 1/2.

Je ne multiplierai pas inutilement ces exemples; ceux que je viens de citer doivent suffire pour démontrer que l'incandescence des aérolithes et leur explosion peut se manifester dans les régions les plus élevées de l'atmosphère ; peut-être même pourrait-on, des observations qui précèdent, tout incomplètes qu'elles sont, déduire une évaluation approximative, propre à donner plus de précision à nos idées sur la hauteur du point où se manifeste le phénomène. La rupture du météore, et la détonnation qui selon toutes les apparences est le résultat de cette rupture, doivent évidemment être simultanées ; et si nous n'entendons pas le bruit de l'explosion au moment même où nous voyons le météore se briser, cela ne peut tenir qu'à la différence de vitesse, de la lumière et du son, différence bien connue, et qui nous permettrait de calculer la distance de l'aérolithe au moment de l'explosion, si nous connaissions le temps écoulé entre l'instant où l'on voit le météore éclater et celui où l'on entend la détonnation.

Les observations dans lesquelles il a été tenu compte de ces différences de temps sont malheureusement bien rares, et les données qu'elles renferment sont le plus souvent trop vagues pour nous permettre d'établir aucun calcul précis ; aussi me contenterai-je de citer comme simple approximation le chiffre que le calcul basé sur la vitesse du son donnerait pour la hauteur de l'aérolithe de Weston au moment de l'explosion, en admettant conformément au récit que nous avons donné un intervalle de trente secondes entre la perception du bruit et la rupture du météore. Cette hauteur serait environ de 10,000 mètres ou 2 lieues 1/2, la vitesse du son étant de 337 mètres par seconde.

Si l'insuffisance des observations recueillies nous a frappé lorsque nous avons cherché à apprécier la position du météore dans l'air au moment de son apparition et de son explosion, cette insuffisance devient plus manifeste encore lorsque l'on veut rechercher les conditions du mouvement, la forme, l'inclinaison, la direction de la trajectoire, la vitesse de l'aérolithe.

Aussi, dans l'impossibilité d'assigner des lois précises à ce mouvement, me contenterai-je de citer quelques exemples extraits des documens historiques qui remplissent le premier chapitre de ce mémoire, et ces citations suffiront, je pense, pour démontrer : 1° que les pierres météoriques arrivent dans l'atmosphère en vertu d'un mouvement qui leur est propre et d'une force indépendante de l'attraction terrestre ; 2° qu'il n'y a rien de constant, soit dans l'énergie, soit dans la direction de cette force.

Chladni, qui a déjà traité ce sujet, a cité, dans son mémoire *sur l'origine des diverses masses de fer natif*, un grand nombre d'observations et de calculs relatifs à la vitesse et à la direction des bolides (1). Et ce que nous avons dit plus haut sur l'analogie de ces météores avec les aérolithes, nous autoriserait peut-être à étendre à celles-ci les conclusions qui se déduisent naturellement de ces citations et de ces calculs. Néanmoins, ne voulant admettre dans les recherches qui m'occupent aucun fait d'une authenticité douteuse, je préfère ne citer ici que les ob-

(1) Voici, d'après Chladni, quelques évaluations de hauteurs, de directions, de vitesses relatives aux bolides. — Le bolide du 21 mai 1676 se montra à une hauteur d'au moins 38 milles italiens; sa vitesse était de plus de 160 milles par minute.

Celui du 17 mai 1719 apparut à une hauteur de 64 milles géographiques; il parcourait 300 de ces milles par minute, soit 5 par seconde.

Le 26 novembre 1758 un globe de feu fut aperçu dans toute l'étendue des Iles Britanniques; sa hauteur fut estimée de 90 à 100 milles anglais à Cambridge, et seulement de 26 à 32 milles au fort William; sa direction était Sud-Ouest, Nord-Est; sa vitesse était de 30 milles par seconde, c'est-à-dire 100 fois plus grande que celle d'un boulet de canon, et supérieure à la vitesse de la terre dans son orbite.

Le 17 juillet 1771 un bolide, dont la hauteur était d'environ 82,000 mètres au moment de son apparition, et de 40,000 mètres au moment de son explosion, traversa du Nord au Sud l'Angleterre et une partie de la France. — Le 18 août 1783 un globe de feu, se mouvant dans la même direction, fut aperçu en Angleterre, en France et à Rome; sa hauteur fut estimée en Angleterre de 55 à 60 milles anglais, et sa vitesse de 20 à 40 milles par seconde.

Le bolide du 3 juin 1739 se dirigeait du Sud au Nord; celui du 9 février 1750 allait du Sud-Ouest au Nord-Est.

Cette direction du Sud-Ouest au Nord-Est fut aussi observée dans le météore du 3 mai 1736 et dans celui du 26 novembre 1758.

Kirch observa à Leipsik en 1686 un de ces météores qui semblait immobile, sans doute parce que l'observateur se trouvait dans la direction du mouvement.

servations bien moins nombreuses et surtout bien moins précises qui se rapportent à des aérolithes bien connues.

L'aérolithe de Villefranche, 12 mars 1798, paraissait se mouvoir de l'*Est à l'Ouest*, *déclinant un peu vers le Sud*.

Le globe lumineux qui signala l'approche de l'aérolithe de Weston (décembre 1807) apparut à l'horizon vers le Nord, et sembla s'élever jusqu'à 15° du zénith; sa direction, qui n'était pas parfaitement rectiligne, formait un angle de 4 à 5° vers l'Ouest avec le méridien.

Ce globe fut visible pendant environ trente secondes. Les fragmens du météore furent disséminés sur une zône de plus de trois lieues de longueur dirigée Nord-Sud.

La grande pluie de pierres qui eut lieu le 26 avril 1803 aux environs de Laigle, couvrit une zône de deux lieues et demi de long sur une lieue de large; la direction de cette zône, comme celle du météore, était de S. 22 E. au N. 22 O, c'est-à-dire la direction du méridien magnétique.

L'aérolithe de grenade, si l'on en juge par la direction du bruit et par l'orientation relative des points où furent recueillies ses débris, se mouvait de l'O.-N.-O. à l'E.-S.-E. L'on a évalué à plus de 100 le nombre des fragments qui durent tomber sur une zône de 4,000 mètres de long sur 400 de large.

La pierre tombée à Blawkapel le 2 juin 1843 paraissait se diriger de l'*Ouest* à *l'Est*.

Un second fragment de cette même pierre tomba le même jour à trois kilomètres à l'Est du premier.

L'aérolithe de Favars, 21 octobre 1844, fut aperçue par quelques observateurs sous la forme d'un globe de feu se mouvant du *Sud* au *Nord*.

La direction de l'aérolithe d'Aumières, 4 juin 1842, était au contraire du *Nord* au *Sud*.

Enfin, celle de Césérato, 17 juillet 1840, se mouvait de l'*Est* à *l'Ouest*, et celle de Belley, 13 novembre 1835, du S.-O. au N.-E.

Les conséquences que l'on peut déduire de ce petit nombre de citations sont trop naturelles pour qu'il soit nécessaire de les discuter; je me contenterai d'énumérer les principales.

Ce qui frappe d'abord, c'est l'absence de toute loi dans les directions des pierres tombées. Sur huit observations, nous trouvons en effet :

| | | | |
|---|---|---|---|
| Deux directions. | N.-S. | A[thes] de Weston et d'Aumières. |
| Une id. | S.-N. | » Favars. |
| id. id. | O.-E. | » Blawkapel. |
| id. id. | E.-O. | » Césérato. |
| id. id. | E.-O. un peu S. | » Villefranche. |
| id. id. | S.-O.-N.-E. | » Belley. |
| id. id. | O-N-O-E-S-E. | » Grenade. |
| id. id. | S. 22° E-S 22° O (MM) | » Laigle. |

La plus grande diversité règne, comme on le voit, dans les directions reconnues, et il n'est, pour ainsi dire, aucune observation, parmi celles que nous avons citées, qui n'ait, en quelque sorte sa contre-partie dans l'observation d'une direction contraire. Nos citations, il est vrai, sont peu nombreuses, et leur nombre serait sans doute bien insuffisant, s'il s'agissait de démontrer l'existence d'une loi générale; mais, pour prouver l'absence d'une pareille loi, il suffit d'un seul fait incompatible avec elle.

La deuxième conséquence qui découle du petit nombre de faits réunis plus haut, c'est l'obliquité de la ligne trajectoire, son inclinaison qui approche parfois beaucoup de l'horizontalité. La preuve de cette obliquité se trouve, 1° dans la direction même du météore, que l'on voit presque toujours se mouvoir suivant une ligne faiblement arquée, plus ou moins inclinée à l'horizon; 2° dans la direction du bruit qui semble fuir et s'éloigner sur les traces du météore; 3° enfin (et c'est là peut-être la preuve la plus péremptoire, parce qu'elle échappe à toute cause d'illusion), dans la dispersion des fragmens détachés de l'aérolithe, dispersion qui a lieu habituellement non au hasard, non sur un espace circulaire, mais sur une zône étroite, allongée dans la direction suivie par l'aérolithe. La force explosive, tout en projetant en sens divers les fragments détachés de la masse, et en modifiant par conséquent pour eux les conditions du mouvement, ne saurait les soustraire tout à coup à l'action de la force initiale; aussi ces fragmens, tout en obéissant aux forces qui les précipitent vers la terre, doivent-ils continuer à suivre la direction première du météore pendant un temps plus ou moins long et avec des déviations plus ou moins marquées, suivant l'impulsion plus ou moins énergique, plus ou moins oblique, donnée par la force explosive (1). De là, la forme allongée de la zône que recouvrent les fragmens météoriques; de là aussi la largeur de cette zône, dont la longueur doit nécessairement dépendre de la vitesse initiale et de l'inclinaison de la trajectoire, tandis que sa largeur dépend de l'énergie, de l'explosion, et de la hauteur à laquelle cette explosion a lieu.

Une troisième conséquence des observations que nous avons citées, c'est la grande vitesse dont les aérolithes paraissent animées. Cette vitesse est mise en évidence par la violence avec laquelle les pierres s'abattent sur la terre, brisant tout sur leur passage, et pénétrant parfois à une profondeur de plusieurs mètres dans le sol (2). Cependant, au moment où elles frappent la terre, leur vitesse altérée par la force retardatrice due à la résistance de l'air, par la gravitation et la force explosive qui peuvent selon les circonstances accélérer ou retarder le mouvement, ne saurait nous donner une idée exacte de la vitesse initiale propre au météore; les données les plus propres à nous faciliter la connaissances de cette vitesse seraient, sans contredit, les mesures géométriques de la trajectoire lumineuse. Il est à regretter que nous ne trouvions dans les documens historiques aucune donnée de cette nature, assez précise pour servir de base à un calcul du moins approximatif de la vitesse; mais à défaut de ces données, nous pouvons cependant trouver dans un petit nombre d'observations la preuve d'un mouvement propre, extrêmement rapide.

Dans la chute d'un assez grand nombre d'aérolithes, l'on a observé deux ou plusieurs détonnations parfaitement distinctes,

(1) La direction observée d'un seul fragment au moment de sa chute ne saurait donner avec exactitude la direction réelle du météore, qui a dû nécessairement être modifiée par l'action combinée de la pesanteur et de la force d'explosion.

(2) L'aérolithe de Barbotan pénétra dans la terre à une profondeur de cinq pieds, après avoir percé le toit d'une chaumière. Le météorite ductile d'Agram s'enfonça à une profondeur de six mètres.

et à chacune desquelles semblait correspondre la projection d'un ou de plusieurs fragmens. Si les conditions du mouvement restaient pour chaque fragment les mêmes après l'explosion qu'elles étaient avant, il est clair que l'intervalle du temps qui sépare deux explosions, comparée à la distance des lieux témoins des chutes successives, pourrait, en tenant compte d'ailleurs de l'inclinaison de la trajectoire, conduire à une évaluation de la vitesse. Ainsi, pour citer un exemple, lors de la chute de l'aérolithe de Weston, l'on distingua trois détonnations successives dans un intervalle de trois secondes, et des chutes de pierres furent observées dans trois points principaux paraissant correspondre aux trois explosions. Les deux points extrêmes étaient distants d'environ trois lieues et demi; et si l'on pouvait admettre que cette distance est égale à celle qu'a parcouru l'aérolithe dans l'intervalle qui a séparé la première explosion de la troisième (égalité qui ne peut avoir lieu exactement, vu l'inclinaison de la trajectoire et les causes diverses d'altération dans le mouvement des fragmens), l'on serait conduit à conclure que la vitesse moyenne de ce météore, au moment où il a éclaté, était de plus d'une lieue par seconde. Un semblable calcul est sous l'influence de trop de causes d'erreurs, pour que l'on puisse acccorder à ses résultats une grande confiance; et si je l'ai cité, c'est uniquement afin de montrer le parti que l'on pourrait tirer pour le calcul de la vitesse d'observations bien faites et dans lesquelles il serait tenu un compte exact des mesures géométriques et chronométriques de la trajectoire. Malheureusement, je le répète, nous ne possédons aucune observation semblable : aussi aurai-je recours à des considérations d'un autre ordre pour mettre en évidence la vitesse de quelques aérolithes.

Le mouvement observé dans les météores n'est pas leur mouvement réel, leur mouvement propre, mais bien le résultat des mouvemens combinés du météore et de notre globe. Selon que ces deux mouvemens ont lieu dans la même direction ou dans des directions contraires, la vitesse apparente doit être moindre ou plus grande que la vitesse réelle; la différence entre les directions et les vitesses vraies et apparentes est variable, et dépend du sens du mouvement et de la position relative des plans dans lesquels ces mouvemens ont lieu. Je n'examinerai que le cas le plus simple, celui dans lequel les mouvemens s'effectuent *dans des plans parallèles et dans le même sens.*

Soit U la vitesse de la terre, U' la vitesse réelle du météore, V sa vitesse apparente. Le mouvement de la terre, ayant nécessairement pour effet de simuler un mouvement rétrograde du météore, l'on aura $V = U' + U$, ou $V = U' - U$, selon que les mouvemens auront lieu en sens inverse ou dans le même sens.

Dans le premier cas, c'est-à-dire lorsque le météore se meut en sens contraire du mouvement de la terre, sa vitesse apparente, évidemment exagérée, est égale à la somme de la vitesse réelle et de la vitesse de la terre; dans le second cas, au contraire, la vitesse apparente n'est plus égale qu'à la différence entre la vitesse de la terre et celle du météore, et la direction apparente du mouvement doit être celle de la plus grande des deux vitesses *U U'*.

La valeur relative de ces vitesses peut présenter trois cas, selon que l'on a $U' = U$, $U' < U$, $U' > U$; dans le premier cas, la terre et le météore marchant pour ainsi dire côte à côte, dans le même sens, avec une égale vitesse, conserveront la même position relative, et le météore paraîtra par conséquent immobile; Si l'on a $U' < U$, le météore, se mouvant avec une vitesse moindre que la terre, sera devancé par elle, et paraîtra par conséquent, aux yeux d'un observateur placé à la surface du globe, se mouvoir en sens inverse de son mouvement réel; si enfin l'on a $U' > U$, alors, mais alors seulement, le météore, devançant l'observateur dans la ligne qu'ils suivent concurremment, paraîtra se mouvoir dans le même sens que lui.

Ainsi, toutes les fois qu'une aérolithe nous présente un mouvement apparent dans la direction même du mouvement de la terre, nous pouvons conclure que la vitesse de cette aérolithe est plus grande que celle de notre globe; or ces conditions de mouvement ont été observées dans l'aérolithe qui tomba à Blawkapel, à huit heures du soir, le 2 juin 1843, suivant une direction apparente de l'*Ouest* à l'*Est*, et dans l'aérolithe tombée à Grenade en 1812.

---

### 2° *De l'influence des conditions de temps et de lieux sur les chutes d'aérolithes.*

Si l'on réunit pour les comparer, au point de vue des conditions de temps et des lieux, les chutes de pierres dont l'histoire nous a transmis le souvenir, ce qui frappe avant tout, c'est le caractère de généralité du phénomène, c'est son indépendance absolue de toute influence inhérente à notre globe. Il suffit en effet de jeter les yeux sur les catalogues A B placés en tête de ce mémoire, pour se convaincre que les chutes de pierres sont indépendantes de l'état de l'atmosphère, puisqu'on les observe tantôt par un temps calme et serein, tantôt par un temps couvert et pluvieux, ou même au milieu des plus violens orages; qu'elles ont lieu indifféremment à toute heure du jour et de la nuit sur tous les points du globe, sans distinction de lieux, de climats, dans les points les plus éloignés des volcans, aussi bien que dans leur voisinage, dans les îles et dans les mers, aussi bien que sur les continens (1).

Qu'elles ne sont pas moins indépendantes des conditions de temps que des conditions de lieux, car l'on en a observé à toute heure du jour et de la nuit dans toutes les saisons, à toutes les

(1) Les chutes bien constatées d'aérolithes dans la mer doivent être comparativement fort rares, vu la difficulté de recueillir la preuve matérielle de ces chutes, les pierres tombées. Il n'est cependant pas sans exemple que ces pierres aient été recueillies au moment où elles venaient s'abattre sur des vaisseaux. Je citerai pour preuve l'aérolithe qui tomba à bord d'un vaisseau américain en 1809. Celle qui frappa un bateau pêcheur, près des îles Orcades, en 1673. Enfin celle qui, au rapport de Olaüs-Erikson, tua deux hommes sur le pont d'un vaisseau vers le milieu du XVIIe siècle.

Les exemples de pierres tombées et recueillies dans les îles ne sont point rares; je citerai entre autres.

La pierre tombée le 3 mars 1364 dans l'île de Funie;
» » le 14 décembre 1825 dans les îles Sandwich.
» » en 1801 dans l'île des Tonneliers.

époques de l'année, dès l'origine des temps historiques comme de nos jours (1).

Toutefois, de ce que l'influence des conditions de temps ou de lieux ne se manifeste pas d'une manière absolue et exclusive, peut-on en conclure que cette influence n'existe réellement pas? Les étoiles filantes se montrent pendant tout le cours de l'année, et cependant leur périodicité n'est plus douteuse aujourd'hui, et cette périodicité se manifeste par une abondance plus grande de ces météores au retour de chaque période. Nulle contrée n'est à l'abri des trombes, des ouragans, des tremblemens de terre..., et cependant il est des lieux, on le sait, où, trouvant sans doute des circonstances plus favorables à leur développement, ces phénomènes se manifestent avec une énergie et une fréquence bien plus grandes. Ne pourrait-il pas exister, relativement au phénomène météorologique qui nous occupe, quelque influence analogue des temps ou des lieux, influence qui sans être exclusive se manifesterait cependant par une plus grande fréquence du phénomène dans des circonstances données?

J'ai cru ne pouvoir mieux répondre à cette question qu'en réunissant dans des tableaux synoptiques les chutes d'aérolithes comparées : 1° au point de vue chronologique ; 2° au point de vue des circonstances géographiques.

(1) De ce que l'on n'a point trouvé des aérolithes dans les couches profondes de la terre, quelques géologues ont conclu qu'il n'y avait pas eu de chutes de pierres dans les temps anté-historiques ou géologiques. Peut-on admettre cette conclusion comme rigoureusement déduite? Je ne le pense pas; et à l'appui de mon opinion j'invoquerai : 1° le peu de chance qu'il peut y avoir de rencontrer dans nos travaux souterrains un corps isolé d'un volume aussi petit que la plupart des aérolithes, puisque ceux qui se trouvent à la surface même de la terre échappent presque toujours à nos recherches, s'ils ne sont pas recueillis au moment de leur chute : 2° l'altération que ces pierres doivent éprouver par suite d'un long séjour sous les eaux ou dans la terre, altération qui pourrait bien les rendre méconnaissables à nos yeux. J'ajouterai enfin que la petite masse de fer météorique, trouvé à une profondeur de 9 m 60 à Petropawlosk sur la roche calcaire que recouvre une couche aurifère, pourrait peut-être bien nous fournir un exemple d'un météorite antédiluvien.

Le premier de ces tableaux nous fera connaître le nombre relatif des chutes d'aérolithes observées dans les divers mois ; dans le second, nous comparerons le nombre de ces mêmes chutes, observées pendant une même période de temps, dans diverses contrées.

Il résulte du tableau ci-contre que, sur 150 chutes d'aérolithes dont la date nous est connue, l'on en a observées :

| | |
|---|---|
| En janvier, | 10 |
| » février, | 9 |
| » mars, | 14 |
| » avril, | 15 |
| » mai, | 14 |
| » juin, | 16 |
| » juillet, | 14 |
| » août, | 12 |
| » septembre, | 12 |
| » octobre, | 16 |
| » novembre, | 10 |
| » décembre, | 8 |
| | 150 |

Il y a donc des chutes d'aérolithes à toutes les époques de l'année, et, qui plus est, les chiffres qui représentent les nombres de chutes observées dans les différens mois n'offrent entre eux que de bien légères variations.

Ces chiffres, il est vrai, sont un peu moindres pour les mois de janvier, février, novembre et décembre; mais cette infériorité ne pourrait-elle point s'expliquer par la briéveté des jours pendant les quatre mois d'hiver, par la difficulté plus grande que l'état du ciel, presque toujours couvert, oppose aux observations, et surtout par la moindre diffusion des hommes, que le mauvais temps et les longues nuits retiennent plus longtemps dans leurs demeures ? Ces considérations n'ont de valeur, à la vérité, que relativement à notre atmosphère, car les mêmes causes qui peuvent dérober quelques aérolithes à nos observations, pendant les mois que nous avons signalés, n'agissent que six mois plus tard dans l'hémisphère méridional, de sorte que les mêmes influences, agissant tour à tour et en sens inverse dans les deux hémisphères, devraient s'équilibrer et ne point altérer les résultats comparatifs des observations recueillies dans les différens mois. Peut-être en serait-il ainsi, en effet, s'il nous était donné de comparer les observations faites sur toute la surface du globe ; mais celles que nous avons citées, appartenant pour la plupart à l'hémisphère Nord, les causes qui peuvent dérober, dans cet hémisphère, quelques aérolithes à l'observation, doivent suffire pour expliquer l'infériorité signalée dans les nombres de chutes appartenant aux quatre mois d'hiver. Quoiqu'il en soit du reste de cette infériorité, qu'elle soit apparente ou réelle, il n'en est pas moins établi, par les nombreuses dates que nous avons citées, que la cause, quelle qu'elle soit, à laquelle on doit attribuer la chute des aérolithes, agit, sinon toujours avec la même énergie, du moins d'une manière continue durant toute l'année ; que cette cause accompagne la terre dans toutes les parties de son orbite, et que par conséquent si cette cause n'est pas inhérente à la terre elle-même, si elle n'a pas sa source dans notre globe ou dans un satellite terrestre, elle doit appartenir à des phénomènes d'une grande généralité, dont l'influence se ferait sentir avec une énergie presque égale dans toute l'étendue de l'immense espace, à travers lequel la terre accomplit sa révolution annuelle autour du soleil.

Nous avons vu, et c'est un fait trop évident pour qu'il soit nécessaire d'en rappeler les preuves, que les chutes de pierres ont lieu dans toutes les contrées de la terre, sous toutes les latitudes, sans distinctions de lieux ou de climats ; le tableau suivant nous montrera que le nombre de ces chutes, observées dans un temps donné sur une égale étendue de pays, est à peu près constante, du moins pour les contrées mentionnées dans ce tableau.

J'ai déjà eu l'occasion de signaler à plusieurs reprises les circonstances qui peuvent dérober les aérolithes à nos observations : indépendamment de ces circonstances, nécessairement en rapport avec l'état des lieux, avec l'étendue relative des surfaces habitées soumises à l'exploration journalière de l'homme et des surfaces inhabitées peu ou point explorées, il existe d'autres circonstances qui doivent tendre, sinon à soustraire les aérolitiles aux recherches, du moins à laisser dans l'oubli les chutes observées, et ces circonstances sont dépendantes de la diffusion plus ou moins grande de la population, de l'état de civilisation, plus ou moins avancé, enfin des moyens de publicité plus ou moins faciles, dont chaque contrée dispose. Or, comme ces élémens varient non seulement d'un pays à l'autre, mais encore suivant les époques dans un même pays, il est évident que l'on ne saurait obtenir des chiffres réellement comparables qu'en soumettant à l'examen statistique les chutes observées dans une même période de temps et dans des contrées bien comparables sous les divers rapports que j'ai indiqué; tels sont les motifs qui m'ont engagé à choisir mes termes de comparaison dans un temps et dans des pays où se trouvent réunies au plus haut degré les conditions qui peuvent établir le rapport le plus exact entre le nombre des chutes réelles et le nombre des chutes signalées dans nos catalogues.

Le tableau suivant résume les observations recueillies pendant une période d'un siècle, en France, en Angleterre et en Italie.

## CHUTES D'AÉROLITHES OBSERVÉES
### DE 1720 A 1820.

| EN FRANCE. | | EN ANGLETERRE. | | EN ITALIE. | |
|---|---|---|---|---|---|
| 1738 18 août | à Carpentras. | 1779 » | à Petiswode(Irland) | 1755 juillet | à Terra-Nova (Calabre). |
| 1750 1er octobre | à Niort. | 1780 1er avril | à Bregton. | 1766 juillet | à Alboreto, près de Modène. |
| 1761 12 octobre | à Chamblans. | 1795 13 décembre | à Wold-Cottage. | 1766 15 août | à Novellara. |
| 1768 13 septembre | à Lucé. | 1802 septembre | en Ecosse. | 1766 janvier ou fév. | à Fabbriano. |
| 1789 24 août. | à Barbotan. | 1803 4 juillet | à Easte-Norton. | 1782 » | à Turin. |
| 1790 24 juillet | à Lagrange et Julliac | 1804 5 avril | à Porsil. | 1791 17 mai. | à Castel-Beardenga. |
| 1798 12 mars | à Villefranche (Rhône). | 1806 17 mai | à Berzintocke. | 1794 16 juin | à Sienne. |
| 1803 26 avril | à Laigle. | 1810 10 août | dans le comté de Tipperari. | 1808 19 avril | à Borgo-san-Domino. |
| 1803 5 ou 8 octobre | à Avignon. | 1813 9 septembre | à Limerick. | 1813 14 mars | à Cutro en Calabre. |
| 1806 15 mars | à Valence et Alais. | 1816 » | à Glastonburg. | | |
| 1810 23 novembre | à Mortelle et Villeray. | | | | |
| 1812 10 avril | à Toulouse. | | | | |
| 1812 5 août | à Chantonnay. | | | | |
| 1814 5 septembre | à Agen. | | | | |
| 1815 3 octobre | à Chassigny. | | | | |
| 1818 15 février | près de Limoges. | | | | |
| 1819 13 juin | à Jonzac. | | | | |
| Nombre total, 17. | | 10. | | 9. | |

Si l'on compare le nombre de chutes de pierres mentionnées dans le tableau avec la surface de chacune des trois contrées où ces chutes ont été observées, l'on est frappé de l'égalité de rapport qui existe entre les chiffres qui représentent les surfaces et ceux qui représentent le nombre d'aérolithes.

Les surfaces des trois états que nous avons considérés sont représentées en effet, d'après Adrien Balby, en mille carrés géométriques, par les chiffres 154000 — 95000 et 90000. Or, le rapport de ces nombres est à très peu près celui des nombres.......................... 18 : 9 1/2 : 9 et ceux-ci diffèrent bien peu des chiffres..... 17 : 10 : et 9 qui représentent, comme nous l'avons vu, le nombre d'aérolithes signalées pendant une même période de un siècle, en France, en Angleterre, en Italie.

Il paraît donc que pour ces trois contrées et pour la période dont il s'agit, le nombre d'aérolithes tombées est proportionnel aux surfaces. S'il nous était permis d'admettre que ce rapport proportionnel, qui ne saurait être considéré comme l'effet du hasard, s'étende au-delà des temps et des contrées sur lesquelles ont porté nos observations, et que ce rapport est le même pour toutes les régions du globe (1), nous arriverions à cette conséquence que le nombre de pierres tombées sur la terre dans un laps de temps donné serait fourni par la proportion x : n : : s : s'.

*s* représentant la surface de la terre, — *s'* la surface d'une des contrées mentionnées dans notre tableau, et *n* le nombre connu de chutes observées dans cette même contrée.

La quantité s étant invariable, et le rapport n/s' étant, comme nous l'avons vu, à très peu près le même pour la France, l'I-

(1) Cette hypothèse est du nombre de celles qui n'admettent point de démonstration directe, mais elle nous semble ne pas être dépourvue de vraisemblance, puisque d'une part il est bien prouvé que des chutes d'aérolithes ont eu lieu dans toutes les régions du globe, à toutes les latitudes, et que d'un autre côté les recherches statistiques mettent en évidence l'égalité de rapport dont il s'agit pour trois contrées différentes, les seules que nous ayons pu comparer à ce point de vue.

talie et l'Angleterre, la valeur de $x = s\ n/s'$ sera évidemment aussi la même, quelle que soit celle de ces trois contrées que l'on prenne pour terme de comparaison. Prenons les chiffres relatifs à la France, soit $n = 17$, $s' = 154000$ milles carrés géométriques.

La surface s de la terre étant de 148521600 milles carrés géométriques, le rapport des surfaces $s/s' = 951$, et la valeur correspondante de x sera par conséquent

$$x = 17 \div 951 = 16167.$$

Le nombre d'aérolithes qui seraient tombées en cent ans sur la surface du globe serait donc de 16167, soit 161, 67 par année (1).

Ce chiffre paraîtra exhorbitant sans doute si on le compare au nombre de chutes signalées annuellement ; cependant si nous tenons compte de l'étendue considérable des mers, des lacs, des déserts, des lieux inaccessibles où les aérolithes peuvent se perdre, sans qu'il soit possible d'en retrouver la trace ; si nous faisons la part des contrées habitées par des populations sauvages, des pays avec lesquels nous n'avons que peu ou point de relations, l'on concevra aisément que le nombre de chutes, dont le récit parvient jusqu'à nous, ne doit former qu'une faible fraction des chutes qui ont réellement lieu, et peut-être serons-nous moins portés alors à trouver de l'exagération dans le chiffre auquel nous a conduit le calcul.

## EXAMEN DE QUELQUES HYPOTHÈSES

### PROPOSÉES POUR EXPLIQUER L'ORIGINE DES AÉROLITHES.

Les détails que j'ai donnés sur les circonstances qui accompagnent la chute des aérolithes, les considérations par lesquel-

(1) Si au lieu des chiffres relatifs à la France, nous prenions ceux qui se rapportent à l'Angleterre, l'on aurait alors $s/s' = 1650$, $n = 10$ et par conséquent $x = 16500$.

les j'ai cherché à établir l'absence de toute influence terrestre sur ce phénomène simplifieront beaucoup la tâche qu'il me reste à remplir, l'appréciation des systèmes proposés pour expliquer l'origine de ces pierres. J'ai déjà fait connaître sommairement les six principaux, les seuls que nous ayons à discuter ; je vais les examiner dans l'ordre indiqué page 120.

I. Et d'abord peut on admettre que les aérolithes sont des minéraux terrestres, lancés dans les airs et retombant dans le même état où ils se trouvaient avant leur projection ? Parmi les forces terrestres, nous n'en connaissons qu'une, la force volcanique, capable de lancer dans les airs des pierres d'une grosseur considérable. Quelques-unes des pierres lancées par les volcans et connues sous le nom de *bombes volcaniques*, peuvent bien, dans leur aspect extérieur, offrir quelque analogie avec les aérolithes, mais cette analogie n'existe que dans l'enveloppe superficielle, modifiée dans les bombes volcaniques comme dans les pierres météoriques, par l'action d'une haute température. La composition minérale est tout-à-fait différente, et dans aucun produit volcanique, non plus que dans aucun autre minéral connu, l'on n'a trouvé cet alliage magnétique de fer et de nikel qui caractérise presque toutes les aérolithes, et qui constitue exclusivement plusieurs d'entre elles.

La force volcanique, quelle que soit son énergie, est d'ailleurs insuffisante pour expliquer les phénomènes que présentent les chutes de pierres, la direction oblique, quelquefois presque horizontale de la trajectoire, l'apparition soudaine du météore dans les régions supérieures de l'atmosphère et dans les lieux les plus éloignés des volcans aussi bien que dans leur voisinage.

Je n'insisterai pas sur la discussion inutile d'une hypothèse qui me paraît complètement insoutenable. Admettons qu'il existe une force terrestre capable de produire tous les effets observés dans les chutes de pierres ; supposons, en outre, que l'on parvienne à découvrir sur la terre un minéral, jusqu'à présent inconnu, analogue à la matière des aérolithes, comment pourrait-on concevoir l'action de cette force de projection sur un minéral rare et exceptionnel à l'exclusion de tous les autres ? L'analogie de composition qui lie entre elles les pierres météoriques en les séparant de tous les minéraux terrestres serait, à défaut de toute autre preuve, une preuve suffisante pour démontrer que le point de départ de ces pierres ne doit point être cherché à la surface de notre planète.

II. Une seconde opinion, qui place ce point de départ dans l'atmosphère, ne nous paraît pas mieux fondée que la première. Comment concevoir, en effet, la formation dans l'atmosphère et dans les couches les plus élevées, à des hauteurs où la raréfaction de l'air égale presque le vide que nous pouvons obtenir à l'aide de nos meilleures machines pneumatiques, comment concevoir, dis-je, dans un milieu d'une densité si faible l'existence ou la formation d'une masse métallique ou pierreuse d'un volume et d'un poids souvent considérables? L'on ne saurait se soustraire à cette alternative : ou cette masse existait quelque temps avant sa chute, et dans ce cas par quel miracle serait-elle restée suspendue dans l'air jusqu'à l'instant où la gravitation a enfin triomphé de son inertie? Ou bien elle est le résultat d'une aggrégation subite et instantanée; mais quelle serait alors la cause de cette aggrégation? D'où proviendraient les élémens minéraux composans? à quel état se trouvaient-ils avant leur aggrégation? Quelle force les avait portés et réunis dans les régions supérieures de l'atmosphère?.... Vainement a-t-on fait intervenir, comme source des principes constituans, les vapeurs volcaniques, et comme cause efficiente de la condensation l'électricité : trompé par une fausse analogie, l'on a comparé la lumière produite par l'apparition du météore igné à la lueur des éclairs, et le bruit de l'explosion aux éclats de la foudre (1). Mais la lumière produite n'est point comparable à celle des éclairs, ce n'est point une lueur électrique, nous n'en voulons d'autre preuve que sa durée, et en supposant d'ailleurs que l'électricité peut être réellement considérée comme la cause de l'aggrégation de vapeurs volcaniques ou autres, n'est-il pas bien extraordinaire que parmi ces vapeurs condensées

(1) De là cette opinion populaire que la foudre tombe tantôt sous forme de feu, tantôt sous forme de pierre.

nous retrouvions toujours les mêmes élémens, que la plupart de ces élémens comptent parmi les moins volatisables, et quelques-uns, tel que le nikel, le cobalt, le chrôme.... parmi les plus rares de ceux que nous offrent les minéraux terrestres? Comment expliquerait-on enfin, à l'aide de cette hypothèse, la chute des pierres suivant une direction souvent très-oblique, parfois presque parallèle à l'horizon?

Une telle théorie, jeu de pure imagination, fondée sur une opinion populaire, qui n'a elle-même pour base qu'une fausse analogie, ne saurait évidemment être acceptée comme l'expression de la vérité, et ce n'est point dans notre atmosphère, pas plus qu'à la surface même de la terre, que nous pouvons espérer de trouver le point de départ des aérolithes.

III. L'hypothèse qui considère ces météores comme les produits des volcans lunaires, malgré ce qu'elle peut offrir au premier coup d'œil de hardi et d'imprévu, est une de celles qui a compté les partisans les plus nombreux et les plus illustres. « Cette opinion, dit Vauquelin, toute extraordinaire qu'elle paraisse, est encore peut-être la moins déraisonnable, et s'il est vrai qu'on n'en puisse donner des preuves directes, il ne l'est pas moins qu'on ne peut lui opposer de raisonnement bien fondé. »

Déjà, en 1799, cette hypothèse était professée par l'illustre Werner.

M. de Laplace, qui lui a donné l'appui de son nom et de son génie, a calculé la force de projection nécessaire pour porter les aérolithes jusqu'au point où l'attraction terrestre, l'emportant sur l'attraction lunaire, pourrait déterminer la chute sur notre globe. Le même problème a été traité par M. Poisson, et le calcul mathématique a démontré qu'une force de projection, donnant une vitesse initiale de 2147 mètres par seconde, suffirait pour lancer un corps de la surface de la lune à la surface de la terre.

Nous devons citer encore, parmi les partisans de cette opinion, le savant chimiste suédois, M. Berzélius, dont nous rapporterons textuellement les paroles. « Ce qu'il y a de plus probable, relativement à l'origine des pierres météoriques, c'est qu'elles sont des éjections des volcans de la lune. Comme cet astre nous

» offre constamment la même face, c'est toujours la même sommité qui pointe vers la terre ; il est probable d'après cela que » les pierres météoriques ordinaires, celles qui contiennent du » fer métallique et des combinaisons riches en magnésie sont » des échantillons de cette sommité, dont les projections doivent » toujours se diriger vers la terre. Il ne doit pas en être de même » de ceux de ces volcans qui sont situés à quelque distance de » cette sommité ; leurs éjections, ayant une direction plus oblique, ne doivent arriver que rarement à la surface de la » terre (1).

» Ne pourrait-on pas tirer quelque conclusion de cette circonstance curieuse, que c'est une partie riche en fer, que la » lune tourne constamment vers la terre, laquelle est, comme » on sait, un aimant ? » (2)

Cette théorie, en rattachant le point d'émission des aérolithes à notre globe, sans cependant le placer ni à la surface de la terre, ni dans l'atmosphère, échappe aux objections que nous avons soulevées contre les deux premières hypothèses ; elle peut d'ailleurs invoquer en sa faveur deux faits bien établis : 1° l'analogie de composition, la communauté probable d'origine ; 2° la continuité d'action du phénomène dans toute l'étendue de l'orbite terrestre. Aussi ne doit-on pas s'étonner des nombreux suffrages que cette opinion a recueillis parmi les plus illustres savans. Malheureusement le fait fondamental sur lequel elle reposait, l'existence des volcans lunaires, n'est lui-même qu'une hypothèse qui, admissible il y a peu d'années encore, paraît insoutenable aujourd'hui, et la base renversée, que devient la théorie ?

Je ne m'arrêterai point à discuter ce qu'il peut y avoir de contradictoire dans l'opinion qui admettait à la fois l'existence des volcans lunaires à éruption et l'absence de toute atmosphère autour de notre satellite (3).

(1) Mémoire sur les pierres tombées du ciel lu à l'institut. 1802.

(2) Mémoire sur les pierres météoriques, par M. Berzélius. (Institut, n° 67.)

(3) Tout le monde connaît les belles recherches à l'aide desquelles M.

Je ne demanderai pas s'il est possible de concevoir des éruptions volcaniques assez puissantes pour lancer à une distance de plusieurs milliers de lieues des masses de 200 kil., comme l'aérolithe granulaire de Weston, de 12,000 kil., comme le fer météorique du désert d'Attacama, sans admettre un dégagement considérable de gaz et de vapeurs ; je ne demanderai pas si cette émission de gaz, qui serait continue comme la projection des aérolithes l'est elle-même (1), ne devrait pas former autour de la lune une couche aériforme ; je n'examinerai point si l'existence des volcans à éruptions continues ne suppose pas comme conséquence nécessaire l'existence des mers lunaires, et si l'existence des mers est possible en l'absence de toute pression atmosphérique, capable d'empêcher l'eau de se volatiliser pour former une atmosphère vaporeuse.

L'influence de l'atmosphère et des mers sur les éruptions volcaniques (2), bien qu'elle soit très probable, n'est pas encore assez universellement admise, pour que je puisse, en invoquant cette influence comme cause nécessaire, conclure de l'absence de l'atmosphère à l'absence des mers lunaires, et de l'absence des mers à l'impossibilité des éruptions volcaniques. A quoi bon d'ailleurs procéder par induction, quand nous pouvons invoquer des preuves directes ? Grâce aux perfectionnemens nombreux, récemment introduits dans la construction des instrumens astronomiques, l'on a pu se convaincre que ce que l'on prenait jadis pour des volcans en ignition n'était que des apparences lumineuses. Ainsi disparaît le fait fondamental sur

Arago est parvenu à établir l'absence ou du moins l'*extrême rareté* de l'atmosphère lunaire, rareté telle, que le vide produit par nos meilleures machines pneumatiques pourrait à peine l'égaler.

(1) Nous avons montré, page 134 et suivantes, que la chute des aérolithes est un phénomène continu pendant toute la durée de l'année, et beaucoup moins rare qu'on ne le pense généralement.

(2) La géologie a depuis longtemps signalé les rapports constans de voisinage qui existent entre les mers ou les lacs et les volcans en activité, rapport que l'on ne saurait raisonnablement attribuer à un simple effet du hasard.

lequel reposait la théorie qui nous occupe; des volcans situés dans l'hémisphère lunaire qui regarde constamment la terre et dans la partie centrale de cet hémisphère pourraient seuls diriger leurs produits vers la terre; il faudrait d'ailleurs supposer dans la force éruptive de ces volcans une énergie immense et hors de proportion avec tout ce que nous connaissons dans les volcans terrestres, pour lancer à une distance de plus de 10,000 lieues des masses pesant plusieurs milliers de kilogrammes (1); il faudrait enfin que l'action éruptive de ces volcans fût continue pour expliquer la continuité observée dans les chutes de pierres; or, si de semblables volcans existaient dans la position indiquée , la perfection des instrumens dont l'optique a enrichi l'astronomie, ne les laisserait point inaperçus.

J'ajouterai que les conditions de mouvement observées dans la chute de certaines aérolithes semblent fournir une nouvelle preuve contre l'hypothèse qui nous occupe.

Admettons, en effet, pour un instant comme démontrée l'existence de volcans dans la lune; admettons dans ces volcans une force éruptive capable de lancer des bombes volcaniques à une distance telle qu'au moment où ces corps cesseront d'obéir

(1) Contrariée par l'attraction de la lune qui tend à rappeler le projectile vers son point de départ, la force de projection va toujours diminuant, et finit par être complètement annihilée; si au moment où elle abandonne le projectile celui-ci se trouve assez rapproché de nous pour que l'attraction de notre planète l'emporte sur celle de la lune , le mouvement continuant dans le sens de la plus grande des deux forces le portera vers la terre; mais pour qu'il en soit ainsi, il faut évidemment que la force de projection soit capable de lancer le corps à une distance de la lune plus grande que celle où se trouvait le point d'égale attraction. Or, si l'on recherche qu'elle serait sur la ligne des centres la position de ce point, on trouve qu'il serait placé à 10299 lieues de 4000 mètres du centre de la lune et à 83241 lieues du centre de la terre. La distance de ce point à la lune augmenterait rapidement à mesure qu'on s'écarterait de la ligne des centres; l'on doit donc considérer le chiffre de 10299 lieues comme représentant le minimum de la distance à laquelle un corps lancé de la surface de la lune devrait parvenir en vertu de la force de projection, pour que sa chute eût lieu sur la terre.

à la force de projection, la force attractive de la terre l'emporte sur celle de la lune, leur chute aura évidemment lieu sur la terre; mais cette chute devrait, ce nous semble, s'effectuer suivant certaines lois, dont l'observation est loin d'avoir fait reconnaître l'existence dans les chutes des aérolithes. Et d'abord ne paraît-il pas évident que les bombes volcaniques lancées par la lune, ne pourraient atteindre la terre qu'autant que la direction de la force projectrice dévierait peu de la ligne qui joint le centre de la terre au centre de la lune?

Le mouvement du projectile aurait donc lieu : 1° en vertu d'une force d'impulsion initiale dont la direction s'écarterait peu de la ligne des centres, force qui, d'ailleurs constamment retardée par l'effet de l'attraction lunaire, diminue rapidement et ne doit plus exercer qu'une action très-faible sur le projectile au moment où il frappe la terre; 2° en vertu d'une force accélératrice, due à l'attraction terrestre, force qui, peu considérable d'abord, va sans cesse croissant et, devenant bientôt prédominante, finit par absorber pour ainsi dire la force initiale et annihiler son influence. Ainsi, dans l'hypothèse que nous examinons, la direction des aérolithes, au moment où elles arrivent dans notre atmosphère, serait *presque exclusivement* déterminée par l'effet de l'attraction terrestre; la chute devrait donc avoir lieu suivant une ligne à très peu près verticale; or, l'obliquité de la trajectoire décrite par un grand nombre d'aérolithes est un fait incontestable; l'on pourrait, il est vrai, objecter que cette obliquité de la trajectoire peut n'être qu'apparente, et s'expliquer par le mouvement de rotation de la terre, mouvement auquel ne participerait point l'aérolithe; mais il est à remarquer que le mouvement apparent, produit par le mouvement de rotation de la terre, ne saurait affecter qu'une seule direction *Est-Ouest*. Or, nous avons vu que les directions les plus variées se retrouvent dans le mouvement des pierres atmosphériques.

C'est en vain que l'on ferait intervenir encore les mouvemens de rotation et de translation de la lune, mouvemens sous la dépendance desquels devrait rester l'aérolithe; ces deux mouvemens équilibrés, commme on le sait, de manière à maintenir le même point de la lune, toujours tourné vers la terre, ne sauraient faire dévier un projectile parti de ce point et dirigé vers le centre de notre planète.

Du reste, de quelque manière que l'on combine les mouvemens relatifs de notre globe et de son satellite, l'on ne pourra expliquer que des mouvemens apparens parallèles au plan de l'équateur ou faiblement inclinés sur ce plan, mais l'on ne parviendra jamais à expliquer les mouvemens qui lui sont perpendiculaires. Or, dans le petit nombre d'exemples que nous avons cités, page 127, nous avons trouvé trois aérolithes affectant des directions apparentes presque exactement perpendiculaires au plan équatorial ; deux (l'aérolithe de Weston et celle d'Aumières) suivant une ligne dirigée du *Nord au Sud*; une, celle de Favars, se mouvant au contraire *du Sud au Nord*; enfin une quatrième aérolithe, celle de Laigle, nous a offert l'exemple d'une direction parallèle au *méridien magnétique*, et par conséquent fort inclinée sur le plan de l'équateur. Il est à remarquer d'ailleurs que malgré l'influence nécessairement très grande que doivent exercer sur la direction apparente des aérolithes les mouvemens de rotation et de translation de la terre, influence qui devrait se manifester par une tendance générale de ces météores à se mouvoir dans des plans peu inclinés sur celui de l'orbite terrestre, la tendance vers le mouvement perpendiculaire à cet orbite est au contraire prédominante dans la plupart des aérolithes dont l'on a observé la direction, et cette circonstance, tout en nous fournissant une nouvelle preuve de l'immense vitesse dont ces corps sont animés, semble devoir nécessairement exclure l'idée qu'ils émanent d'une source placée comme l'est notre satellite dans le plan de l'orbite.

Ne serait-il pas possible de déduire encore une dernière objection de la distance zénithale de la lune par rapport au lieu de la chute au moment où cette chute a lieu? — Si les aérolithes, suivant l'hypothèse si ingénieusement présentée par M. Berzélius, provenaient toutes d'une région volcanique, située dans la partie de la lune qui pointe constamment vers la terre, leur projection aurait toujours lieu à très peu près suivant la ligne des centres, et tous les points de la trajectoire parcourue par le projectile devraient se trouver sur cette même ligne ; le lieu où l'aérolithe frapperait la terre étant nécessairement un point de cette trajectoire se trouverait donc, lui aussi, sur la ligne des centres;

en d'autres termes, la chute aurait lieu sur le point de la surface terrestre, au zénith duquel la lune se serait trouvée au moment de la projection.

De là, deux conséquences : la première c'est que les chutes des pierres météoriques ne pourraient avoir lieu que dans les limites d'une zône terrestre peu étendue au Sud et au Nord de l'équateur; la seconde c'est que la distance zénithale de la lune au moment et par rapport au lieu de la chute ne saurait dépasser non plus certaines limites qu'il est facile de déterminer. La première de ces conséquences, nous l'avons suffisamment prouvé, est en opposition directe avec les faits observés, car de l'équateur aux pôles, il n'est aucun climat, aucune latitude où l'on n'ait signalé de semblables chutes. Quant à la seconde conséquence, elle n'est pas plus que la première en harmonie avec les résultats de l'observation.

Il est facile de le démontrer : en effet, la distance zénithale de la lune, évidemment égale au déplacement que ce satellite a pu éprouver en vertu de son mouvement de translation dans le temps qui sépare la projection de l'aérolithe de son arrivée sur la terre, doit être en proportion du temps employé par le projectile pour franchir l'espace qui nous sépare de la lune. Or, si nous calculons le maximum de temps que l'aérolithe pourrait employer à parcourir cet espace, nous trouvons que ce maximum de temps correspondant au minimum de la force projectrice ne saurait excéder 30 heures. Le déplacement que la lune aurait pu éprouver pendant cette durée de trente heures ne serait que de 16 à 17°, et ce chiffre exprimerait par conséquent le maximum de distance zénithale de la lune au moment de la chute d'un aérolithe (cette distance devant d'ailleurs se compter de l'Ouest à l'Est, puisque telle est la direction du mouvement de notre satellite). Or, si nous prenons quelques exemples au hasard, et que nous calculions la distance à laquelle la lune se trouvait à l'est du méridien du lieu de la chute au moment de l'observation, nous trouvons que pour l'aérolithe tombée à Laissac le 21 octobre 1844, à 7 heures du matin, cette distance était de 220° 30'

Pour l'aérolithe tombée à Blawkapel, 2 juin 1843, à 8 heures du soir, 300° 9'

Pour l'aérolithe tombée à Aumières, 4 juin 1842, à 8 heures du soir, 183° 48'

» » » à Césérato, 17 juillet 1840, à 7 heures 1/2 du matin, 280° 12'

» » » à Mindelthal, 25 décembre 1846, à 2 heures après-midi, 75°

» » » à Céara, 11 décembre 1836, à 11 heure 1/2 du soir, 284° 12'

Je ne multiplierai pas ces citations, car s'il importe d'en réunir le plus grand nombre possible, quand il s'agit de prouver la concordance des faits avec une loi théorique, il suffit d'une observation incompatible avec cette même loi pour démontrer l'insuffisance d'un système dont elle serait la conséquence nécessaire; or, parmi les exemples que nous avons cités, il n'en est pas un seul qui nous ait donné une distance zénithale, comprise dans les limites que nous avions fixées.

IV^me hypothèse. S'il est vrai que la cause de la chute des aérolithes, quelle qu'elle soit, accompagne constamment la terre dans toute l'étendue de sa trajectoire; s'il est vrai que toutes les pierres tombées proviennent d'une même source, comme l'analogie de leur composition tend à le faire supposer, si enfin cette source que nous n'avons pu trouver ni sur la terre ni dans l'atmosphère ne se trouve pas non plus dans le seul corps planétaire connu, dont la marche soit liée à celle de la terre, l'on est conduit à se demander s'il ne serait pas possible qu'il existât quelque autre satellite de notre planète, et si les météorites ne pourraient pas être considérés comme des fragmens de ce satellite inconnu. Telle est sans doute l'origine de l'opinion proposée et soutenue par M. P. Prévost (1) dans un savant mémoire inséré dans les *Annales de chimie et de physique* (Tome 43, page 351).

D'après M. Prévost, les bolides et les aérolithes seraient des satellites cométaires de la terre : la distance périgée de ces satel-

(1) Cette hypothèse avait déjà été émise antérieurement par M. Maskelyne

lites étant fort petite et en deçà des limites de notre atmosphère, il est facile de concevoir leur incandescence, leur explosion et tous les phénomènes accessoires.

« Les pierres tombantes, dit l'auteur que nous venons de citer, ne sont sans doute le plus souvent que des écailles ardentes détachées de la surface du satellite, et projetées par l'effet de la dilatation, de la fusion ou d'une cause quelconque de rupture dans les conditions d'équilibre. Plusieurs écailles ainsi détachées, si les forces retardatrices ne sont pas suffisantes pour déterminer leur chute rapide vers la terre, suivront quelque temps le bolide dans sa trajectoire. D'un côté la résistance de l'air a sur elles plus d'influence ( leur force pour la vaincre étant diminuée en raison du cube, et la résistance seulement en raison du carré des dimensions homologues du projectile). D'autre part, le bolide les protège contre l'impétuosité du courant ; les plus voisines et les plus grosses s'attacheront à ce grand corps, les autres suivront à des distances graduées, et il en résultera pour nous l'aspect d'une queue enflammée, phénomène qui accompagne le plus souvent les bolides, et qui a probablement toujours lieu dans le cas d'une chute ou pluie de pierres. »

Cette théorie consiste, comme on le voit, à considérer les aérolithes comme des fragmens d'un ou de plusieurs corps cométaires, que leur mouvement de translation autour de la terre ramènerait périodiquement dans notre atmosphère ; au lieu de les considérer comme des corps isolés amenés accidentellement dans la sphère d'attraction de notre planète. A ce point de vue, le système dont il s'agit aurait, comme celui que nous venons d'examiner tout à l'heure, l'avantage d'expliquer l'analogie des produits et la continuité du phénomène, sans avoir comme lui l'inconvénient de supposer dans le corps planétaire d'où les aérolithes émaneraient une force d'émission extraordinaire, et de placer le centre d'action de cette force dans des volcans imaginaires, peut-être impossibles. C'est, en effet, le satellite lui-même qui porterait jusques dans notre atmosphère et à une petite distance de la surface du globe ces écailles ardentes qui, détachées de sa masse par la force de dilatation ou d'explosion viendraient se précipiter sur la terre. La direction de ces fragmens au moment de leur chute serait déterminée par la résultante des forces auxquelles ils obéissent, à savoir : La force impulsive, transmise par le satellite dont il faisait partie ; la force explosive, la pesanteur terrestre, la résistance de l'air. De ces diverses forces, celle qui doit être presque toujours prédominante, c'est la force initiale due au mouvement du satellite, si nous en jugeons d'après la vitesse immense dont les bolides sont animés.

Or, comme cette force, cause ou effet d'un mouvement dont la terre occupe le centre, doit agir suivant une direction tangentielle, il sera tout naturel que la résultante, sur la direction de laquelle elle exerce une influence prépondérante, soit fortement inclinée sur la verticale et approche souvent de l'horizontalité. Et comme d'ailleurs rien n'empêche d'admettre dans un corps, dont l'existence elle-même est un problème, toutes les conditions de mouvement nécessaires aux besoins du système, nous n'aurons plus à craindre de trouver entre les faits observés et les conséquences déduites de la théorie, cette incompatibilité qui nous a fait rejeter les précédentes hypothèses. Sous ce rapport, il existe un avantage incontestable en faveur des aérolithes cométaires ; mais il est fâcheux que cet avantage repose sur une supposition purement gratuite, sur le mouvement d'un satellite dont il est aussi difficile de nier que d'affirmer l'existence. Quand il a fallu concilier les faits signalés dans les chutes des pierres avec les lois bien connues du mouvement d'un satellite connu, nous avons vu surgir des impossibilités qui doivent nécessairement disparaître lorsque à ce satellite réel, soumis à des lois invariables de mouvement, nous substituons un satellite imaginaire, libre des entraves de l'observation, capable de se plier à toutes les exigences de la discussion et du calcul.

Nous ne saurions donc opposer à l'hypothèse qui nous occupe dans ce moment des objections directes et exclusives ; aussi me contenterai-je d'énoncer quelques questions qui se présentent d'elles-mêmes dans l'examen de cette hypothèse, et qui tendent, ce me semble, à en diminuer la portée. Et d'abord devrons-nous supposer que toutes les aérolithes proviennent d'un seul et même satellite cométaire ou de plusieurs satellites de même nature ?

Dans le premier cas, comment expliquera-t-on les variations nombreuses observées dans la vitesse, dans la direction du mouvement des divers bolides, directions souvent inverses? Comment se ferait-il d'ailleurs que ce satellite, dont la révolution serait de courte durée (1), ne vînt point se précipiter lui-même sur la terre, alors que sa force tangentielle, retardée à chaque passage au périgée par la résistance de l'atmosphère, devrait aller toujours diminuant. Comment se ferait-il enfin que ce satellite, auquel on est bien forcé d'accorder un volume considérable, disparût presque toujours instantanément au moment de l'explosion, s'il ne perdait qu'une partie comparativement très minime de sa substance? D'un autre côté, si nous admettons qu'il existe plusieurs satellites analogues, se mouvant en sens divers mais donnant tous lieu à des phénomènes semblables, nous perdons un des avantages qui militent le plus en faveur de notre hypothèse, l'avantage d'expliquer par une même origine l'analogie de composition que nous ont offert toutes les aérolithes, à moins toutefois que nous ne supposions que les satellites cométaires ont aussi une origine commune; mais alors nous nous trouvons insensiblement amenés à une autre hypothèse qui se présentera tout-à-l'heure à notre examen, et sur la discussion de laquelle nous ne voulons point anticiper.

Que l'on admette un ou plusieurs satellites, il est une condition de leur existence et de leur mouvement que l'observation devrait nous révéler : je veux parler de leur périodicité.

Le retour périodique est, en effet, la première des conditions auxquelles doit satisfaire un satellite; mais les nombreuses perturbations qu'éprouverait l'orbite des aérolithes, soit par suite de la résistance de l'air qui tend à précipiter ces corps vers leur centre d'attraction, soit par toute autre cause, laissent bien peu de chances de succès aux recherches qui auraient pour objet d'établir cette périodicité.

M. Prévost n'en a cependant pas moins cherché si par la

(1) Si nous admettions le chiffre auquel le calcul nous a conduit, page 139, pour le nombre de chutes de pierres qui auraient lieu annuellement sur toute l'étendue du globe, nous serions conduits à conclure que sa durée moyenne de temps, écoulé entre deux chutes successives, est de 2 jours 1/4 environ.

comparaison des faits observés dans divers lieux il ne serait pas possible d'arriver à constater un retour périodique, et il a cru trouver un exemple de ce retour dans les observations comparées des bolides que l'on vit à Genève, le 8 mars 1798, se dirigeant de l'Est à l'Ouest vers Villefranche, et de celui qui vingt-quatre heures plus tard (selon lui) aurait laissé tomber une pluie de pierres sur cette dernière ville.

L'on aurait donc observé, d'après M. Prévost, un satellite cométaire de la terre dont la révolution périodique serait de vingt-quatre heures. Deux observations seulement pour un satellite qui semblerait devoir se montrer à nous tous les jours c'est bien peu, et ces deux observations, faites sur deux bolides dont l'identité non constatée ne peut invoquer en sa faveur que l'analogie des directions, peuvent-elles suffire pour établir une loi de périodicité ? Il est difficile d'admettre une telle conclusion, surtout quand on songe aux causes nombreuses d'erreur qui peuvent exister dans les recherches de ce genre à l'incertitude qui règne sur les dates elles-mêmes, incertitude dont nous trouvons la preuve dans l'exemple même choisi par M. Prévost, puisque la chute de pierres qui, d'après ce physicien, aurait été observée à Villefranche le 9 mai 1798, se trouve rapportée par M. Tonnelier à la date du 12 mai. En présence de ces causes d'erreurs, nous ne saurions évidemment admettre comme démontrée une loi qui reposerait sur une observation unique, ayant elle-même pour base des données contestées.

Mais de ce que cette loi, la seule preuve directe qu'il fût possible d'invoquer en faveur des satellites météoriques, n'est point démontrée, faut-il conclure qu'elle n'existe pas ? Il est une conclusion plus rationelle, c'est que les perturbations considérables que de pareils satellites éprouveraient à leur périgée, c'est que le nombre d'observations recueilllies, nombre bien faible comparativement au chiffre des chutes de pierres qui ont probablement lieu, rendraient bien difficile, sinon impossible dans l'état actuel des choses, la démonstration de la loi de retour périodique, alors même que cette loi existerait.

Vme hypothèse. Frappé de l'insuffisance des systèmes proposés avant lui pour expliquer d'une part l'origine des aérolithes, de l'autre, celle des bolides et des étoiles filantes, et prenant d'ailleurs en considération la similitude des circonstances qui accompagnent l'apparition de ces divers météores, Chladni proposa, dans son mémoire sur l'origine des fers natifs, de réunir les aérolithes, les étoiles filantes et les bolides dans une même classe de phénomènes météorologiques, et de les considérer comme produits par le passage dans notre atmosphère de petits amas de matière disséminés dans l'espace. Nous laisserons le savant physicien exposer lui-même sa théorie.

« Si l'on admet, dit-il, que les corps célestes ont eu un com-
» mencement, on ne peut guère en expliquer la formation qu'en
» supposant soit que diverses matières disséminées auparavant
» fort au large et dans un état pour ainsi dire *chaotique* se sont
» réunies en grandes masses par la force d'attraction, soit que
» les corps célestes se sont formés des débris de quelque masse
» bien plus considérable, dont la destruction a pu être occa-
» sionnée par un choc venu du dehors ou par une explosion due
» à une cause intérieure. Quelle que soit l'hypothèse que l'on
» admette, on peut croire aussi sans invraisemblance qu'une
» quantité considérable de ces matières a pu former de petits
» amas isolés sans se réunir en grandes masses, sans se porter
» sur un corps céleste; et supposer que ces amas continuent à
» se mouvoir dans l'immensité de l'espace, jusqu'à ce qu'ils ar-
» rivent assez proche d'un corps céleste pour en être attirés et y
» tomber, en occasionnant des météores semblables à ceux qui
» font l'objet de cet ouvrage...... »

Ce système tend à expliquer l'un par l'autre trois phénomènes distincts, et dont chacun, considéré isolément, semblait inexplicable. Chladni, en le proposant, a eu un double but, à savoir : 1° d'expliquer l'origine des bolides et des étoiles filantes, en les rattachant à des météores dont la substance a pu être recueillie et étudiée; 2° d'expliquer l'origine des aérolithes elles-mêmes par l'existence hypothétique de petits amas de matières dispersées dans l'immensité de l'espace et se mouvant dans tous les sens, jusqu'au moment où, amenés dans la sphère d'attraction de la terre, ils se précipitent à sa surface.

La discussion de cette théorie peut se réduire, comme on le voit, à l'examen de ces deux questions : peut-on assimiler les bolides et les étoiles filantes aux aérolithes? Peut-on admettre l'existence de ces petits amas de matière météorique, disséminés dans l'espace et qui forment la base essentielle du système?

Je vais examiner rapidement ces deux questions.

J'ai déjà eu l'occasion de faire connaître les rapports qui existent entre les aérolithes et les bolides, et les motifs qui me porteraient à considérer la plupart de ceux-ci comme de vraies aérolithes, dont le produit matériel pourrait, par suite de diverses causes faciles à concevoir, être soustrait à notre observation. Aussi serais-je loin de contester l'identité de ces deux espèces de météores, sans toutefois vouloir prétendre que la matière des aérolithes soit la seule qui puisse constituer des bolides; pour ce qui est des étoiles filantes, leur analogie avec les pierres météoriques est moins bien établie; et avant d'admettre l'assimilation proposée par Chladni, l'on ne peut s'empêcher de se demander : 1° s'il est possible que des pierres météoriques, traversant l'atmosphère, se présentent sous l'apparence d'une étoile filante; 2° si l'on peut supposer que toutes les étoiles filantes sont des aérolithes. Autant la première de ces deux hypothèses me semble rationnelle et incontestable, autant il me paraît difficile d'admettre la seconde. Quelques développemens seront nécessaires pour justifier cette assertion.

Je dis d'abord qu'il me paraît incontestable que des aérolithes traversant l'atmosphère ne puissent dans des circonstances données se présenter sous l'apparence d'étoiles filantes. Voyons en effet à quels phénomènes l'approche d'une aérolithe peut et doit donner naissance dans les diverses conditions de mouvement et de distance qui peuvent se présenter. J'ai déjà expliqué comment, par suite d'un mouvement rapide à travers les couches denses de l'atmosphère, on pouvait concevoir l'échauffement des pierres météoriques, leur explosion, la chute de leurs éclats; ces divers phénomènes, qui sont bien réellement le résultat du passage du météore dans l'air, en sont-ils la conséquence nécessaire, inévitable? Je ne le crois pas, et il ne me semble nullement improbable que des aérolithes traversent quelquefois l'atmosphère, du moins dans ses parties les plus élevées, sans donner lieu à des chutes de pierres.

La résistance que l'air oppose au mouvement du projectile, par suite le degré de chaleur développée et la perturbation de la force tangentielle, dépendent de la densité plus ou moins grande des couches d'air dans lesquelles s'opère le mouvement et de la vitesse de projection.

Supposons que l'aérolithe soit portée par la direction de la trajectoire dans les couches inférieures les plus denses de l'atmosphère, le frottement donnera lieu à une production considérable de chaleur, à une dilatation instantanée, et par suite à une explosion d'autant plus forte sans doute que l'échauffement aura été plus rapide et plus grand. Les fragmens projetés avec violence et trouvant dans la résistance de l'air et dans l'attraction terrestre un obstacle qui s'oppose à leur réunion avec la masse vers laquelle les reporte leur force d'inertie et de gravitation, seront pour la plupart précipités vers la terre, et la masse elle-même pourra, dans certains cas, être entraînée dans cette chute (1).

Mais si au lieu de pénétrer dans les couches inférieures de l'atmosphère le projectile effectue son passage dans des couches plus élevées, la chaleur développée sera moins vive, la dilatation moins rapide, moins inégale et par conséquent l'explosion moins forte. Les fragmens faiblement repoussés n'éprouvant, vu la rareté de l'air, qu'une légère résistance à leur mouvement, devront continuer à obéir à la force tangentielle peu altérée elle-même, et ne tarderont pas à s'attacher de nouveau à la masse, dont ils ont été un instant séparés.

Enfin si l'on suppose que le passage ait lieu dans les plus hautes régions de l'atmosphère, il se pourra que l'aérolithe, tout en acquérant une température capable de la rendre lumineuse,

(1) Un bolide au moment de son périgée est attiré vers la terre par une force capable de lui faire parcourir au plus 4 mètres 98 par seconde, tandis que la vitesse impulsive égale et excède même souvent, comme nous l'avons vu, la vitesse de translation de la terre elle-même, soit plus de 30,000 m par seconde. La force d'attraction terrestre n'est donc en général qu'une fraction excessivement minime de la force d'impulsion, et elle serait par conséquent insuffisante pour expliquer la chute d'une aérolithe ou même de ses fragmens, si cette chute n'était point déterminée par la direction même du mouvement initial ou par la force retardatrice due soit à la résistance de l'air, soit à l'explosion.

ne fasse point explosion. Et alors le seul indice de son approche sera le sillon lumineux qu'elle trace en glissant sur le ciel.

De simples variations dans la hauteur à laquelle s'effectuera le passage des aérolithes dans l'atmosphère, semblent donc suffire pour expliquer les différences observées dans les phénomènes que présentent d'une part les véritables chutes de pierres, d'autre part les bolides détonnant sans projection de matière pierreuse, et enfin les météores lumineux non détonnans, les étoiles filantes. Mais de ce que les aérolithes peuvent se présenter parfois sous l'apparence d'une étoile filante, concluerons-nous que toutes les étoiles filantes sont des aérolithes? Non, sans doute, et voici pourquoi des observations attentives, souvent répétées, ont établi comme un fait astronomique, aujourd'hui incontestable, la périodicité des étoiles filantes, périodicité qui se manifeste par une abondance inusitée de ces météores au retour de chaque période.

Le nombre moyen d'étoiles filantes, observées dans les nuits ordinaires, est d'environ 18. Dans les nuits correspondantes aux époques périodiques (du 9 au 12 août, et du 12 au 13 novembre), (1) le nombre de ces mêmes étoiles filantes est très souvent de près de 100 par heure, et s'élève parfois, d'après M. Herrick, jusqu'à 1,000 dans le même temps (2).

S'il était vrai que toutes les étoiles filantes fussent des aérolithes, et s'il y avait par conséquent des époques dans l'année où le nombre de ces pierres, traversant l'atmosphère en une seule nuit, égalerait ou surpasserait même le nombre total de ces météores observés pendant tout le reste de l'année, n'est-il pas bien probable qu'à ces retours périodiques des étoiles filantes correspondrait aussi un nombre plus grand de pierres tombées? Or, si nous jetons les yeux sur le tableau dans lequel nous

(1) Il y aurait en outre, d'après M. Ermann, deux autres passages périodiques du 5 au 9 février et le 12 mai. (Lettre de M. Ermann à M. Arago. Comptes-rendus de l'académie des sciences. — Séance du 17 mai 1841.)

(2) Mémoire adressé par M. Herrick à l'académie des sciences (septembre 1841)

avons groupé mois par mois les chutes observées ( voir page 134 ), nous trouvons que les mois d'août et de novembre, correspondants aux principaux passages périodiques, ne sont point plus riches que les autres mois, et sur 150 observations embrassant un intervalle de 500 ans, il en est deux seulement dont la date coïncide avec celles du passage périodique des étoiles filantes (1). Cette rareté des pierres météoriques, comparée à l'étonnante multiplicité des étoiles filantes, est, ce me semble, le fait le plus concluant que l'on puisse opposer à la théorie qui admettrait une identité complète entre les deux sortes de météores.

L'on a expliqué la périodicité des étoiles filantes en supposant que ces météores étaient produits par de petits astérolithes qui, groupés en une sorte de tourbillon circulaire, se mouvraient autour du soleil, suivant un orbite qui coupe en deux points le plan de l'orbite terrestre. Les points d'intersection, ou nœuds, correspondraient aux époques périodiques indiquées plus haut, et alors la terre venant à traverser ce tourbillon d'astérolithes, serait assaillie d'une averse d'étoiles. Si ces météores étaient composés d'une matière métallique ou pierreuse pareille à celle des aérolithes, comment se ferait-il que parmi plusieurs milliers de corps semblables pas un seul ne parvienne jusqu'à la surface de la terre, et qu'au lieu de se porter vers elle ils semblent, au contraire, s'écarter pour lui livrer passage et glisser pour ainsi dire sur son atmosphère?

La section normale du globe terrestre est de 75,670,207,991 lieues carrées;

La section annulaire de l'atmosphère, en supposant à celle-ci une hauteur de 100 lieues (hauteur sans doute fort exagérée (1), serait seulement de 100,143,371 lieues carrées.

(1) Ces deux observations se rapportent à l'aérolithe du comté de Tipperari, 10 août 1810, et à celle Belley, 13 novembre 1835.

(2) Nous avons dit plus haut (page 123) que la hauteur maximum assignée à l'atmosphère, par suite des expériences physiques, était d'environ 47,000 mètres; les mesures d'angles, effectuées sur quelques étoiles filantes, ont donné pour leur hauteur plus de cinquante lieues; l'atmosphère aurait-elle encore à cette distance une densité suffisante

Il résulte de la comparaison de ces chiffres qu'il y aurait plus de 75 à parier contre 1 qu'un projectile, se mouvant dans une direction donnée de manière à rencontrer notre planète, tomberait sur la terre plutôt que de se borner à traverser son atmosphère.

Ainsi (en ne tenant compte que du mouvement de translation), sur soixante-seize aérolithes arrivant dans notre atmosphère, soixante-quinze devraient rencontrer la masse solide du globe, une seule pourrait ne traverser que son enveloppe aériforme. D'où vient que ce soit tout le contraire que nous observons ? Je ne vois qu'un moyen d'expliquer ce désaccord entre les faits et les résultats fournis par le calcul des probabilités : ce moyen consiste à faire entrer dans les données du calcul un élément que nous avons négligé, la force répulsive, due à la résistance de l'air violemment refoulé. Lorsque un corps frappe suivant une direction très oblique la surface d'un liquide, nous le voyons souvent glisser sur cette surface ou même se relever comme repoussé par le choc, au lieu de s'enfoncer suivant la direction première de son mouvement.

Ne pourrait-on pas voir dans une force répulsive analogue à celle qui produit les ricochets d'un corps solide frappant obliquement la surface de l'eau, l'explication de l'anomalie que j'ai signalée ?

La facilité avec laquelle un projectile pénètre dans une masse fluide, depend :

pour que son frottement pût échauffer, au point de le rendre lumineux, un corps doué d'une immense vitesse ?

Tout en observant que les étoiles filantes signalées à cette hauteur avaient une direction ascendante, qu'elles étaient par conséquent déjà passées à leur périgée, et pouvaient avoir conservé, même après leur sortie de l'atmosphère, leur propriété lumineuse, j'ai cru devoir adopter, dans l'esquisse de calcul ci-dessus, la hauteur évidemment exagérée de 100 lieues ou 400,000 mètres, afin de mettre à l'abri de toute objection les résultats de ce calcul, résultats qui seraient bien plus concluants encore, si l'on admettait le chiffre de 47,000 mètres, puisqu'alors la chance qu'aurait une aérolithe de rencontrer la terre serait non seulement de 75 contre 1, mais de 600 contre 1.

De la densité et du degré de fluidité du corps choqué ;

De la densité du projectile ;

De l'intensité de la force projectrice ;

Et de l'angle d'incidence de cette force sur la surface fluide.

L'influence de ces diverses circonstances une fois admise, et il serait, je crois, difficile de la contester, n'est-il pas évident qu'une masse solide, composée comme le sont les aérolithes, d'une matière métallique ou pierreuse, dense et très cohérente, si elle est portée par la direction de son mouvement vers le noyau solide de la terre, ne sera que faiblement repoussé par la résistance de l'air, et que cette résistance, à moins que le choc n'ait lieu suivant une direction presque tangentielle, ne pourra suffire pour empêcher cette masse solide d'arriver jusqu'à terre ? N'est-il pas fort probable, d'un autre côté, qu'une masse légère et peu cohérente, comme le serait par exemple un amas de gaz, de vapeurs ou de poussière fine, arrivant dans notre atmosphère et trouvant dans la résistance de l'air une force répulsive proportionnelle non à sa masse, mais à son volume, ou plutôt à la surface du contact, devrait, en vertu de cette force, éprouver une déviation considérable, laquelle augmentant à mesure que le projectile pénétrerait dans des couches plus denses de l'atmosphère, pourrait suffire pour empêcher ce corps d'arriver jusqu'à nous ? Et de ces deux faits, également probables, également évidents, ne pourrions-nous pas conclure, que lorsque nous voyons des météores tombant par milliers sur notre atmosphère, raser pour ainsi dire la surface de cette atmosphère, ou s'éloigner repoussés comme par ricochet, dès qu'ils ont frappé les couches les plus élevées et les plus rares de l'air, sans qu'un seul parvienne jusqu'à la surface de la terre; ne pourrions-nous pas conclure, dis-je, par voie de réciprocité, que ces météores qui semblent obéir avec une docilité si grande à l'action répulsive de l'atmosphère et ouvrir pour ainsi dire leurs rangs, pour laisser à la terre un passage libre à travers leur tourbillon, ne sont pas probablement composés, comme les aérolithes proprement dites, d'une matière solide et pesante, mais d'une matière légère d'une extrême rareté ?

Nous avons reconnu dans les aérolithes tous les degrés de

densité et de cohésion que peuvent offrir des masses métalliques compactes et homogènes ; des masses pierreuses, grenues, porphyroïdes, granitoïdes ou terreuses ; des matières molles, visqueuses ou gélatineuses ; des matières pulvérulentes. Qui pourrait dire que cette progression décroissante, observée dans la densité des aérolithes, ne va pas au-delà des poussières météoriques, et que parmi les amas de matières errants dans l'espace, il n'y a point des amas de gaz ou de vapeurs, tout comme il y a des masses solides (1) ? Et si l'on admet l'existence de pareils amas, n'est-il pas naturel de leur attribuer l'origine des étoiles filantes ?

Quoi qu'il en soit du reste de cette explication hypothétique d'un phénomène que Chladni assimile à celui des chutes de pierres, deux conséquences certaines me semblent résulter de la discussion qui précède, à savoir : 1° Que les aérolithes ne nous présentent pas le caractère de périodicité observé dans le passage des étoiles filantes, et ne paraissent par conséquent pas se mouvoir, comme la plupart de ces derniers météores, dans une orbite dont le soleil occuperait le foyer, et qui couperait en deux points le plan de l'orbite terrestre (2) ; 2° Que la matière constituante des aérolithes n'est probablement pas la même que celle des étoiles filantes.

Ainsi, l'assimilation proposée pour expliquer l'un par l'autre ces divers météores, nous paraît peu fondée, puisque ceux-ci paraissent différer autant par leur nature même que par les conditions de leur mouvement. Mais il y a dans le système de Chladni un fait bien plus essentiel pour nous que cette assimi-

(1) Plusieurs physiciens ont considéré les brouillards secs observés à différentes époques, comme produits par l'arrivée dans notre atmosphère de substances vaporeuses étrangères au globe terrestre.

(2) Si l'on voulait supposer que toutes les aérolithes se meuvent dans un même plan autour du soleil, il faudrait, pour expliquer leur chute à toutes les époques de l'année indifféremment, admettre que ce plan est parallèle à celui de l'orbite terrestre ; mais alors comment expliquer les observations qui donnent pour le mouvement de ces corps une direction perpendiculaire à celle de notre orbite ?

lation, c'est l'hypothèse relative à l'existence et à la formation de ces petits amas de matière, source commune, suivant lui, des météores ignés que nous avons décrits.

L'existence de ces matières ne saurait être douteuse, nous en avons tous les jours la preuve sous les yeux ; quant à leur origine, et c'est là justement le nœud de la question, Chladni propose deux explications qui semblent toutes deux également admissibles. D'après la première, ces petits corps, composés de matière cahotique, seraient les rudimens d'un corps planétaire en voie de formation ; d'après la seconde, au contraire, ce seraient des fragmens provenant de la destruction d'une planète ou d'une comète brisée.

Que l'on admette l'une ou l'autre de ces hypothèses, il est également facile de concevoir les divers degrès de densité et de cohésion que nous avons indiqué dans les aérolithes ; mais s'il est aisé de concevoir dans des amas de matière cahotique un état d'aggrégation plus ou moins avancé, correspondant aux divers états que nous ont présenté les matières météoriques, on trouve une explication plus facile et plus complète encore de ces divers états dans l'hypothèse qui regarde les pierres tombées comme les fragmens d'un corps céleste, brisé par la rencontre d'un autre corps.

L'importance de cette dernière hypothèse, les développemens auxquels elle doit nécessairement donner lieu, m'ont engagé à la discuter séparément dans un chapitre spécial, bien qu'elle rattache à la théorie de Chladni, qui l'a mentionnée dans son Mémoire sur les fers météoriques.

VI. Hypothèse. Peut-on admettre que deux corps célestes se rencontrent dans leur marche et que le résultat de cette rencontre soit la rupture de ces corps ou du moins de l'un d'eux?

Les fragmens de ce corps, dispersés par le choc, pourraient-ils s'abattre sur la surface de la terre et donner lieu dans leur chute aux phénomènes que nous présentent les aérolithes?

Y a-t-il dans les faits historiques relatifs aux pierres tombées quelque circonstance qui puisse autoriser à penser que ces pierres sont les éclats d'un astre brisé ?

Telles sont les trois questions que nous avons à examiner pour apprécier la valeur de cette dernière hypothèse.

Dans une Notice marquée au coin de cette science à la fois facile et profonde qui caractérise les travaux du savant secrétaire de l'Académie, la possibilité d'une rencontre entre deux corps célestes a été démontrée d'une manière incontestable (1). Amené par ses belles recherches sur les révolutions de la surface du globe à l'étude de la même question, M. de Boucheporn a calculé de son côté les chances probables d'une rencontre entre la terre et une comète, et mettant en regard des résultats fournis par le calcul des probabilités, la longue série de siècles qui devraient, d'après les observations géologiques, composer l'âge du globe, il est arrivé à cette conséquence remarquable que non seulement une telle rencontre est possible, mais encore qu'il est fort probable qu'elle a déjà eu lieu plusieurs fois (2). C'est donc un fait aujourd'hui bien établi qu'il n'y a rien d'absurde à supposer qu'une comète vienne heurter dans sa marche la terre ou tout autre corps planétaire. Je n'examinerai point quel pourrait et devrait être le résultat d'un pareil choc relativement à la terre; il serait difficile de rien ajouter à cet égard aux brillantes discussions qui forment l'un des plus intéressans chapitres des ***Etudes sur l'histoire de la terre et sur les révolutions de sa surface.***

Quant au résultat probable de ce même choc, relativement au noyau généralement fort petit d'une comète (3), nous le

(1) *Annuaire du bureau des longitudes* pour 1831 ; page 223.

(2) M. N. Boubée, dans son *Manuel de Géologie élémentaire*, avait déjà indiqué cette hypothèse comme expliquant à la fois la dernière révolution de la surface du globe ( le Déluge ), et la production des aérolithes ( *Manuel de Géologie*, page 44, 3e édition, 1838 ). Mais l'astre dont le choc aurait causé le déluge universel serait, d'après cet auteur, le premier qui ait été brisé, car s'il y en avait eu quelqu'autre précédemment nous en aurions découvert les débris dans les formations antérieures à cette époque. Cette conclusion ne nous paraît point très rigoureuse par les motifs indiqués page 133.

(3) Voici, d'après M. Arago, un tableau des diamètres de plusieurs noyaux de comètes :

| | |
|---|---|
| Comète de 1798. . . . . . . . . . . . | 11 lieues. |
| Comète de décembre 1805. . . . . | 12 |
| Comète de 1799. . . . . . . . . . . . | 154 |

concevrons aisément, si nous considérons que ce choc équivaut à la chute d'une masse de 5,911,181,640,000 kilogrammes, tombant avec une vitesse de plus de 30,000 mètres par seconde (1). Quel corps pourrait ne pas être brisé sous le coup d'une semblable chute?

Quelques astronomes, il est vrai, prétendent que les noyaux cométaires, malgré leur ressemblance avec ceux des planètes, sont de simples amas de vapeurs. S'il en était ainsi, l'hypothèse qui nous occupe tomberait d'elle-même; mais il s'en faut de beaucoup qu'une telle assertion soit fondée. Dans la Notice scientifique dont nous avons déjà invoqué l'autorité, M. Arago a fait voir (2) ce qu'il y avait de spécieux et d'incertain dans les observations invoquées à l'appui de cette opinion; il a montré combien d'ailleurs il serait peu rationnel de conclure de ce qu'il peut y avoir quelques comètes à noyau diaphane que tous les noyaux cométaires sont vaporeux; il a cité enfin plusieurs faits observés, tendant à prouver l'existence d'un corps opaque et solide au centre du noyau lumineux des comètes.

Voici du reste les conclusions auxquelles est arrivé le savant astronome; j'ai cru devoir les reproduire textuellement, vu leur importance au point de vue de la question que je traite :

« On doit conclure, je crois, dit M. Arago, qu'il existe des
» comètes sans noyau ;

» Des comètes dont le noyau est *peut-être* diaphane ;

» Enfin des comètes plus brillantes que les planètes, et dont
» le noyau est *probablement* solide et opaque. »

S'il est vrai, et l'on ne saurait guère en douter, qu'une rencontre peut avoir lieu entre la terre et une comète; que cette comète peut être composée d'un simple amas de vapeurs, mais

| | |
|---|---|
| Comète de 1807. . . . . . . . . . . . | 222 |
| Seconde comète de 1811. . . . . . . | 1089 |

(1) Cette vitesse pourrait encore être de beaucoup augmentée en vertu du mouvement propre à la comète.

(2) *Annuaire du bureau des longitudes* pour 1832, page 203 et suivantes.

qu'elle peut aussi avoir un noyau opaque et solide; que le résultat du choc d'une masse telle que la terre, douée d'une immense vitesse, sur un corps solide de dimensions comparativement fort petites, doit être la rupture de ce corps, la dispersion de ses éclats, il n'y aura, ce nous semble, rien que de bien naturel à voir dans ce choc possible ou même probable, dans ces débris produit nécessaire du choc, la source et la matière des aérolithes, si toutefois nous ne trouvons dans les observations relatives soit au mouvement, soit à la nature de ces météores, aucun fait incompatible avec une pareille hypothèse. Or, pour ce qui est des conditions de mouvement, soit que les fragmens repoussés et projetés en tous sens continuent à errer au hasard jusqu'au moment où ils viennent tomber dans la sphère d'attraction de la terre, soit que leur force d'impulsion primitive, combinée avec la force d'attraction terrestre, les maintienne dans une orbite dont la terre occuperait le foyer, et en fasse de véritables satellites de notre globe, il n'est aucune condition de mouvement à laquelle ces débris, repoussés sous des angles divers et avec une force variable, ne puissent satisfaire. Quant aux faits observés relatifs à la nature des aérolithes, loin d'être incompatibles avec l'hypothèse dont il s'agit, ils semblent destinés, au contraire, à fournir le meilleur argument en sa faveur.

Je ne répéterai pas ici tout ce que j'ai dit sur l'analogie frappante de composition que nous ont offert les aérolithes ; je me contenterai de rappeler les faits qui ressortent du tableau comparatif inséré dans la page 114, à savoir que si nous groupons les aérolithes suivant l'ordre que leur assigne l'abondance de l'alliage (fer et nikel) nous trouvons d'abord en tête de la série :

Des masses exclusivement métalliques, à structure compacte ou cristalline; viennent ensuite des masses également métalliques, mais dans lesquelles se trouve, sous forme de grains ou de cristaux disséminés, une matière vitreuse que l'on a reconnue analogue au péridot. Cette substance, associée à divers autres minéraux silicatés, devient prédominante et donne naissance à un deuxième groupe, composé de matière pierreuse, dans laquelle se trouvent des grains épars d'alliage magnétique et de pyrite; ces grains, d'abord abondans, deviennent de plus en plus rares, enfin disparaissent entièrement, et nous arrivons ainsi au troisième groupe de la série, exclusivement composé de matière pierreuse. Les matières minérales autres que l'alliage métallique sont assez nombreuses; mais parmi celles-ci j'en ai distingué trois qui, par leur présence plus fréquente ou par l'importance de leur rôle, me semblent devoir attirer plus particulièrement l'attention, ce sont :

La pyrite ;

Les silicates non alumineux ferrifères, parmi lesquels domine le péridot ;

Les silicates alumineux.

Ces minéraux, sans montrer dans le décroissement de leur proportion relative la même régularité que l'alliage ferrugineux, semblent cependant ne pas varier au hasard, mais bien suivant certaines lois qui pourraient se résumer ainsi qu'il suit :

La pyrite se trouve dans toutes les variétés des pierres météoriques, si l'on en excepte la variété granitoïde du groupe non métallifère; sa plus grande abondance se fait remarquer dans la variété granulaire magnétique. Elle atteint, dans un seul échantillon (l'aérolithe du Maine), le chiffre de 0,32, mais sa proportion habituelle est de 5 à 15 p. 100. Elle semble diminuer en même temps que celle des grains magnétiques, et les météorites de Bénarès et de Yorkshire, dans lesquels nous n'avons trouvé que 0,01 à 0,02 de ces grains, ne contiennent pas de pyrites.

Le péridot forme exclusivement la matière vitreuse associée à l'alliage métallique dans les météorites ductiles. Il suit dans son décroissement une ligne qui, sans être parfaitement parallèle à celle qui marquerait le décroissement des grains magnétiques, paraît incliner dans le même sens. Ce minéral existe d'ailleurs dans tous les météorites pierreux ; mais sa proportion est moins grande dans les variétés non métallifères.

L'abondance des silicates alumineux, au contraire, sans obéir à une loi de progression régulière, semble augmenter à mesure que les silicates magnésiens et ferrugineux diminuent, et par conséquent aussi en sens inverse des minéraux métalliques, alliage et pyrite.

Ces préliminaires posés, admettons pour un instant que tous les élémens signalés dans les aérolithes se trouvent réunis dans une même masse, et qu'ils soient ramenés par la fusion ou par toute autre cause à un état moléculaire tels qu'ils puissent se grouper suivant les lois de l'attraction, de leurs affinités réciproques et de leur densité ; la masse devra prendre une forme sphéroïdale : et si, divisant par la pensée cette masse sphérique en couches concentriques, nous cherchons qu'elle devrait être la composition de chacune d'elles, en nous appuyant sur l'analogie des faits observés dans les essais métallurgiques, nous trouverons que ces couches doivent nous offrir, selon toutes les probabilités, la série de modifications suivantes :

Le fer, entraînant le nikel, formera au centre un culot métallique, sur lequel viendront surnager les matières pierreuses moins pesantes ; celles de ces matières, les plus denses et les plus riches en silicates ferrugineux, pourront pénétrer, sous forme de petits grains, dans la partie supérieure du bain métallique, tandis que dans le bain scoriforme se trouveront disséminées des grenailles de même nature que le culot ; ces grenailles, abondantes dans la partie inférieure, deviendront de plus en plus rares, à mesure que l'on se rapprochera de la surface de la masse, et pourront manquer tout-à-fait dans les couches superficielles.

Il devrait donc exister dans cette sphère trois séries de couches distinctes, correspondant aux trois groupes d'aérolithes que nous avons décrits, et ces trois séries, en se fondant les unes dans les autres par une suite de modifications graduelles, pourraient nous offrir toutes les variétés de structure et de composition observées dans les aérolithes ; car les élémens minéraux de la partie silicatée se rangeant suivant leur ordre de densité, devraient offrir des groupemens analogues à ceux que nous trouvons dans la matière pierreuse des météorites ; les silicates les plus pesants et les plus chargés de fer devant se trouver de préférence dans les parties inférieures les plus riches en grains métalliques, et les silicates les plus légers devant, au contraire, dominer dans les couches superficielles où les grains magnétiques sont fort rares, s'ils ne manquent tout-à-fait.

Le tableau suivant, dans lequel j'ai indiqué la densité deprincipaux élémens minéraux reconnus dans les aréolithes, donnera plus de relief à ma pensée, en nous montrant combien les lois que j'ai indiquées dans le groupement de ces minéraux deviennent simples et naturelles, lorsque l'on considère les pierres météoriques comme ayant toutes fait partie d'une même masse soumise à la fusion ou portée du moins à un degré de ramollissement qui pût permettre aux élémens simples de se combiner suivant leurs affinités, et aux combinaisons ainsi formées de se grouper par ordre de pesanteur spécifique.

| *Minéraux reconnus dans les aérolithes.* | | *Densité.* |
|---|---|---|
| Alliage de fer et de nikel | | 7,51 à 7,76. |
| Pyrite | | 4,60 |
| Silicates non alumineux ferrifères | Péridot | 3,40 |
| | Pyroxène | 3,35 |
| Silicates alumineux | Labrador | 2,70 |
| | Albite | 2,64 |
| | Feld-spath-orthose | 2,58 |

Afin de rendre plus sensible le rapprochement qui fait l'objet de cette discussion, je placerai ici, en regard de la série des aérolithes qui nous sont connues, la coupe probable de notre sphère hypothétique.

Il est impossible de ne point être frappé de la singulière coïncidence qui existe entre les modifications successives que l'analyse nous a fait reconnaître dans la série des aérolithes d'une part, et celles que les lois des affinités et de la gravitation nous portent à supposer dans les couches successives d'une sphère formée des élémens qui composent les pierres météoriques.

Faisons de cette sphère hypothétique le noyau d'une comète; supposons, ce qui n'est ni impossible ni improbable, que ce noyau vienne choquer la terre, il sera brisé, et dans ses éclats nous trouverons toutes les variétés de composition et de structure que les aérolithes nous ont présenté (1).

(1) Nous empruntons à Chladni une réflexion remarquable qui trouve naturellement sa place ici :

Ainsi, le système qui considère les météorites comme les fragmens d'un corps céleste brisé par un choc, reposant sur la supposition d'un fait non seulement possible, mais encore probable, peut d'ailleurs, comme on le voit, invoquer en sa faveur une parfaite harmonie entre les faits observés et les résultats probables de l'hypothèse (1).

Ne pourrons-nous pas, d'après cela, appliquer à ce système et à meilleur droit, ce que Vauquelin disait de l'hypothèse relative aux volcans lunaires : « Cette opinion, toute extraordi-
» naire qu'elle puisse paraître, est encore peut-être la moins
» déraisonnable, et s'il est vrai qu'on n'en puisse donner des
» preuves directes, il ne l'est pas moins qu'on ne peut lui op-
» poser de raisonnement bien fondé. »

« Un fait qui mérite d'être noté, dit cet auteur, c'est que les aérolithes sont principalement composées de fer, métal abondant à la surface de la terre, et dont les phénomènes magnétiques nous portent à supposer qu'il existe un amas considérable dans l'intérieur du globe terrestre. D'où l'on peut conclure que le fer est une des substances qui contribuent le plus à la formation des corps célestes, auxquels il est peut être nécessaire par la force magnétique qu'il possède exclusivement, ainsi que par la polarité qui l'accompagne. »

(1) Les aérolithes proprement dites ne sont pas les seuls météores dont la rencontre supposée de la terre avec une comète puisse nous fournir l'explication. Peut-être pourrait-on trouver dans la matière terreuse pulvérulente de sa surface, dans l'amas de vapeurs qui entouraient le noyau brisé, et que leur légèreté spécifique a pu détacher de ce noyau pendant son mouvement à travers l'atmosphère, l'origine des pluies de poussière et de ces météores vaporeux qui, en vertu de leur faible densité, semblent devoir glisser sur l'atmosphère, repoussés par l'élasticité de l'air, sans pouvoir pénétrer jusqu'à la surface de la terre.

# RÉSUMÉ GÉNÉRAL.

## CONCLUSIONS.

Si de toutes les observations consignées dans ce Mémoire, de toutes les discussions auxquelles nous nous sommes livrés, nous extrayons, pour les mettre plus en relief, les faits les plus saillans, nous trouverons qu'ils peuvent se résumer ainsi qu'il suit :

## CHAPITRE Ier.

### PARTIE HISTORIQUE.

Il est aujourd'hui irrévocablement démontré que des pierres, arrivant des régions supérieures de l'atmosphère, viennent de temps en temps s'abattre avec violence sur la terre.

Ces pierres, dont nous ne connaissons encore ni le mode de formation, ni le point de départ, ont reçu le nom d'*aérolithes*, de *météorites*, *météorolithes*, *pierres atmosphériques*, *pierres météoriques ou pierres tombées du ciel.*

Des enquêtes authentiques, des procès-verbaux réguliers, attestés par un grand nombre de témoins oculaires, ont fait connaître de la manière la plus positive quelques-unes de ces chutes, celles d'Agram, de Julliac, de Langres, etc., par exemple, et le produit matériel de ces phénomènes, les pierres météoriques, ont été souvent recueillies, chaudes encore, dans le lieu où on les avait vu tomber (1). Ces circonstances météo-

(1) A Milan, une pierre frappe un moine à la cuisse et le tue; la pierre, dont tous les caractères sont ceux d'une aérolithe, est retrouvée dans la plaie. — A Kandabar, en 1834, une pierre du poids de cinq livres écrase un homme. — Vers la fin du dix-septième siècle, deux hommes sont frappés de la même manière sur le pont d'un vaisseau. — A Barbotan, en 1787, une aérolithe tombe sur une chaumière, tue le métayer et des bœufs. — En 1836, un grand nombre de pierres tombent

rologiques qui signalent les chutes d'aérolithes, sont à peu près invariables. Ces phénomènes sont analogues à ceux que présentent les bolides. Toutes les fois que l'état de l'atmosphère ou l'éclat trop vif de la lumière solaire n'empêche pas de les apercevoir, les aérolithes se montrent sous l'apparence d'un corps incandescent, tantôt sphérique, tantôt de forme cylindrique ou conique plus ou moins allongée, laissant souvent après lui une traînée lumineuse, projetant en tout sens de vives étincelles, et traçant dans l'air une ligne trajectoire droite ou légèrement arquée, parfois un peu sinueuse.

Un bruit particulier succède à l'apparition du météore. Ce bruit se compose d'une ou de plusieurs détonnations, le plus souvent suivies d'un long et sourd roulement et d'un sifflement anologue à celui d'un boulet ou d'une pierre lancée par une fronde. Le bruit d'un choc se fait entendre enfin, et l'on voit des masses minérales tombant avec violence s'enfoncer dans la terre ou se briser sur les rochers, suivant la nature du sol dans le point où s'effectue la chute.

---

## CHAPITRE II.

### PARTIE DESCRIPTIVE.

Ces masses n'offrent rien de constant ni dans leurs formes, ni dans leurs dimensions. Ainsi, entre le degré extrême de division observé dans la poussière météorique qui accompagnait, en 1813, la chute des pierres de Cutro, en Calabre,

sur la ville de Céara et pénètrent dans les habitations.— En 1798, à Bénarès, une pierre perce le toit d'une guérite et tombe près du factionnaire. — D'autres sont recueillies au moment de leur chute, en 1673, dans un bâteau pêcheur près des îles Orcades. — En 1809, à bord d'un vaisseau américain, etc., etc. — Est-il nécessaire de multiplier ces exemples pour prouver que si l'imagination a pu quelquefois jouer un rôle dans les récits de ces phénomènes, il existe aussi des cas où toute illusion est impossible?

et les masses de deux à trois cents livres tombées à Weston, en 1807 ; à Vérone, en 1668, à Einsisbein, en 1492, on trouve dans les aérolithes tous les degrès de grosseur intermédiaires ; quant à la forme, elle est le plus souvent tout-à-fait irrégulière.

Toutes les fois que des pierres ont été recueillies au moment de leur chute, on les a trouvées douées d'une forte chaleur, et quelquefois même à l'état de mollesse pâteuse, comme, par exemple, l'aérolithe du Mogol, celle du Cap de Bonne-Espérance (13 octobre 1838), celle de Surepoënce (15 avril 1837).

Leurs caractères extérieurs sont toujours à très peu près les mêmes, et leurs caractères minéralogiques, bien qu'ils soient loin d'offrir une identité complète, conservent cependant assez d'analogie pour donner à toutes ces pierres une sorte d'air de famille, et justifier l'opinion qui leur attribue une origine commune. La même analogie se retrouve dans leur composition chimique, et vient confirmer les déductions tirées de leur aspect et de leurs caractères physiques.

Si l'on réunissait les aérolithes connues dans l'ordre que semblent leur assigner leurs rapports mutuels, elles formeraient une série non interrompue établissant, par une suite de modifications à peine sentible, un passage lent et gradué entre les matières météoriques les plus différentes en apparence, telles que des masses exclusivement métalliques et des matières terreuses, et l'on trouverait dans les modifications successives les mêmes rapports et les mêmes différences que pourraient nous offrir les divers fragmens d'une masse obtenue par la fusion de tous élémens trouvés dans les aérolithes. Quelle que soit néanmoins l'analogie de caractères que nous offrent toutes ces pierres, et quelque bien ménagée que puisse paraître la fusion des nuances qui distinguent chaque terme de cette série, il n'est point impossible d'établir des coupures naturelles, à l'aide desquelles on les divisera en un certain nombre de groupes dont les membres, liés entre eux par un caractère commun, facile à constater, diffèrent aussi par plusieurs caractères des membres de tous les autres groupes.

L'état physique des matières météoriques, leur nature métallique ou pierreuse, nous ont paru constituer les caractères les plus saillans, les plus faciles à reconnaître, ceux par conséquent qui pouvaient nous donner des groupes mieux caractérisés et plus distincts. Les différences de structure nous ont fourni des caractères d'une importance secondaire, qui ont servi de base à nos subdivisions.

Ainsi nous avons distingué d'abord quatre groupes :

1° Les météorites ductiles;

2° Les météorites pierreux métallifères;

3° Les météorites pierreux non métallifères;

4° Les matières météoriques pulvérulentes ou molles.

Et chacun de ces groupes nous a fourni un certain nombre de subdivisions basées sur la différence de structure.

---

## CHAPITRE III.

### PARTIE HISTORIQUE.

Lorsque l'on réunit et que l'on compare les faits observés dans les chutes d'aérolithes, dans le but de rechercher s'il n'existerait pas quelque loi générale qui, nous permettant de remonter des effets à leur cause, pût répandre quelque lumière sur l'origine de ces météores, l'on trouve :

1° Que tous les phénomènes météorologiques dépendant de l'action de l'air atmosphérique sur l'aérolithe en mouvement, offrent une remarquable uniformité; — que l'état thermométrique et électrique de l'atmosphère n'a aucune influence sur le phénomène, puisqu'il a lieu dans toutes les saisons, sous tous les climats, par un temps serein aussi bien que par un temps d'orage.

2° Pour ce qui tient aux conditions du mouvement, malgré ce que les observations même les plus complètes laissent désirer à cet égard, l'on reconnaît que l'apparition des météores aérolithiques a lieu souvent dans les couches les plus élevées de l'atmosphère; — que la chute ne s'effectue pas suivant une ligne verticale, mais le plus souvent, au contraire, suivant une ligne très inclinée, approchant parfois de l'horizontale; — que par conséquent cette chute n'est pas déterminée par l'action seule de l'attraction terrestre, et que les aérolithes sont douées d'un mouvement propre; — qu'il n'y a rien de constant dans la direction de ce mouvement, dont il est facile de juger, soit par l'observation du sillon lumineux, soit par l'orientation de la zône suivant laquelle se trouvent alignés les divers fragmens disséminés sur une étendue souvent considérable; enfin, que la vitesse de ce mouvement est assez grande pour égaler ou dépasser même quelquefois la vitesse de translation de notre globe.

3° En ce qui concerne les conditions de temps et de lieux, la discussion des faits historiques nous a conduit aux conclusions suivantes.

Les chutes d'aérolithes ont eu lieu dans les siècles les plus reculés comme dans notre siècle: on les a observées dans toute saison, à toutes les époques de l'année, à toutes les heures du jour, et le tableau statistique que nous avons donné prouve que les nombres des chutes correspondantes aux divers mois n'offrent pas de différence bien marquée. Ce phénomène est donc indépendant de la révolution diurne de la terre et de sa révolution astronomique annuelle. D'un autre côté, il a été observé aussi dans toutes les contrées, sous toutes les latitudes, sur les continens, dans les mers, sur les îles, et la comparaison du nombre de chutes constatées dans trois contrées différentes pendant la durée d'un siècle semblent autoriser à conclure que la répartition de ces pierres a lieu d'une manière à peu près égale sur la surface du globe, de telle sorte que le nombre d'observations recueillies sur une étendue et dans un temps donnés, serait proportionnel au temps et à la surface.

Ainsi, les causes qui président à la chute des aérolithes, quelles qu'elles soient, se distinguent par leur caractère de généralité, par leur indépendance absolue de toute influence de temps et de lieux.

Ces principes posés et admis, si nous passons à l'examen des principales hypothèses par lesquelles on a voulu expliquer l'origine des aérolithes, nous déduirons comme conséquence nécessaire des discussions dans lesquelles nous sommes entrés à cet égard:

Que les aérolithes ne peuvent être considérées comme des

minéraux d'origine terrestre, par la raison qu'elles diffèrent de tous les minéraux connus de notre globe, et que d'ailleurs la hauteur à laquelle elles se montrent, l'obliquité de la chute, la vitesse immense qui les anime, sont incompatibles avec une telle hypothèse.

Les mêmes considérations nous empêchent également de leur attribuer une origine atmosphérique, et nous savons d'ailleurs que l'état thermométrique et électrique de l'atmosphère est sans action sur ce phénomène.

Pour placer le point de départ des aérolithes dans les volcans lunaires, il faudrait établir d'abord, ce qui est aujourd'hui fort contesté et fort contestable, qu'il existe dans la lune des volcans à éruption; et, ce fait établi, l'on trouverait encore dans la direction de la chute, dans la dispersion de ces produits volcaniques sur toute la surface du globe, en dehors de la zône qui se trouverait, pour ainsi dire, sous le feu de ces volcans imaginaires; enfin dans la distance zénithale de la lune, à l'instant de la chute et par rapport au lieu où elle s'effectue, de puissans motifs pour repousser cette opinion.

Sans vouloir nier qu'un satellite cométaire de la terre, ayant sa distance périgée moindre que la hauteur de l'atmosphère, ne puisse produire des phénomènes météorologiques semblables à ceux que nous offrent les aérolithes, et laisser en passant tomber sur nous, comme preuves et témoins de ses fréquentes visites, des écailles brûlantes détachées de sa surface, il me semble difficile d'expliquer par l'existence d'un seul et même satellite la chute de toutes les aérolithes, si l'on tient compte de la grande diversité observée dans la vitesse, dans la direction de ces météores; si l'on réfléchit combien il est peu probable qu'un satellite, ayant son périgée dans notre atmosphère et passant à ce périgée plus de cent cinquante fois par an, se maintienne dans son orbite pendant plusieurs siècles, en dépit des forces perturbatrices qui tendent à la précipiter vers son centre de mouvement.

Ainsi le point de départ, la source des aérolithes, n'est point à la surface de notre globe; elle n'est point dans notre atmosphère; nous ne saurions la trouver ni dans la lune, le seul satellite terrestre qui nous soit connu, ni dans un satellite imaginaire créé pour les besoins de la cause; et cependant ces météores accompagnent la terre dans toute l'étendue de sa trajectoire, la cause efficiente de leur chute, quelle qu'elle soit, embrasse donc l'immense orbite que nous parcourons annuellement, comme si notre planète se mouvait au milieu d'un tourbillon d'astérolites qui, errant en tous sens, s'enflammant au contact de notre atmosphère, détonnant parfois et semant sur la terre les fragmens de leur masse brisée, produiraient tous les météores qui se montrent sous forme d'étoiles filantes, de bolides ou d'aérolithes.

Si nous nous arrêtons à cette hypothèse, admettrons-nous, avec Chladni, que tous ces météores sont composés de la même matière, sont régis par les mêmes lois de mouvement? Nous ne serions pas éloignés de supposer qu'il en est ainsi pour les aérolithes et les bolides, et que si ces derniers, qui semblent former un moyen terme entre les pierres météoriques et les étoiles filantes, ne sont pas tous produits par des matières *pierreuses*, identiques avec la matière des aérolithes, il doit en être du moins ainsi pour un grand nombre d'entre eux; mais la même assimilation ne saurait être admise entre les pierres tombées et les étoiles filantes; la périodicité bien constatée de celles-ci ne paraît point s'étendre jusqu'aux aérolithes, et comment expliquera-t-on d'ailleurs, si l'on suppose l'identité de matière composante, cette sorte de répulsion qui semble maintenir les étoiles filantes aux limites de notre atmosphère? Comment se ferait-il que tant de milliers de ces étoiles viennent dans certaines nuits traverser la couche aériforme, relativement peu épaisse, qui enveloppe la terre sans qu'une seule arrive jusqu'au noyau solide, alors que les plus grandes probabilités seraient pour cette rencontre?

Toutefois, en repoussant cette assimilation entre les pierres météoriques et les étoiles filantes, partie accessoire du système de Chladni, nous n'entendons point repousser l'hypothèse qui forme la base de ce système, l'existence de ces milliers d'astérolites errans dans l'espace; mais ces astérolites eux-mêmes, quelle est leur origine? Sont-ce des amas de matière cosmique, destinée à fournir les élémens d'un corps céleste en voie de formation? Sont-ce les débris d'un corps céleste brisé par un choc ? Ces deux hypothèses semblent toutes deux admissibles ; mais la dernière nous paraît mériter la préférence ; car, s'appuyant sur un fait astronomique dont les lois connues du mouvement des corps célestes nous autorisent à admettre la possibilité, la probabilité même, elle se plie à l'explication de tous les phénomènes signalés dans les chutes de pierres, et elle peut surtout invoquer en sa faveur une remarquable analogie entre les modifications de structure et de composition observée dans la série des aérolithes, et les modifications de même nature que devraient nécessairement offrir les fragmens d'une masse obtenue par la fusion de tous les élémens, que l'analyse a fait reconnaître dans les pierres météoriques.

Probabilité du fait hypothétique base de la théorie, harmonie complète entre les conclusions théoriques et les résultats de l'observation, que peut-on attendre de plus dans une question de cette nature, dont la solution échappe à toute démonstration directe ?

Cramaux, 11 juin 1847.

A. BOISSE.

# TABLE DES MATIÈRES.

PARTIE THÉORIQUE.

# INDICATION DES TABLEAUX SYNOPTIQUES ET STATISTIQUES CONTENUS DANS CE MÉMOIRE.



FIN DE LA TABLE.

Rodez, imprimerie de N. Ratery.

www.ingramcontent.com/pod-product-compliance
Ingram Content Group UK Ltd.
Pitfield, Milton Keynes, MK11 3LW, UK
UKHW020259180726
13839UKWH00001B/340

9 782329 380001